上岗轻松学

数码维修工程师鉴定指导中心 组织编写

图解 **电动机维修**

快速入门

主 编 韩雪涛
副主编 吴 瑛 韩广兴

机械工业出版社

本书完全遵循国家职业技能标准和电动机维修领域的实际岗位需求，在内容编排上充分考虑电动机维修的特点，按照学习习惯和难易程度将电动机维修技能划分为9章，即电动机的种类和功能、直流电动机的结构和工作原理、交流电动机的结构和工作原理、电动机的检修材料和检修工具、电动机的拆卸与安装方法、电动机控制电路的应用与分析、电动机绕组的绕制训练、电动机的常用检修方法、电动机的日常保养与维护。

　　学习者可以看着学、看着做、跟着练，通过"图文互动"的全新教学模式，轻松、快速地掌握电动机维修技能。

　　书中大量的演示图解、操作案例以及实用数据都可以供学习者在日后的工作中方便、快捷地查询使用。另外，本书还附赠面值为50积分的学习卡，读者可以凭此卡登录数码维修工程师的官方网站获得超值服务。

　　本书是学习电动机维修的必备用书，也可作为相关机构的电动机维修培训教材，还可供从事电气设备维修的专业技术人员使用。

图书在版编目（CIP）数据

图解电动机维修快速入门/韩雪涛主编；数码维修工程师鉴定指导中心组织编写.
— 北京：机械工业出版社，2014.6（2017.8重印）
（上岗轻松学）
ISBN 978-7-111-46781-6

Ⅰ．①图… Ⅱ．①韩… ②数… Ⅲ．①电动机－维修－图解 Ⅳ．①TM320.7-64

中国版本图书馆CIP数据核字(2014)第104602号

机械工业出版社（北京市百万庄大街22号　邮政编码100037）
策划编辑：陈玉芝　责任编辑：林运鑫
责任校对：纪　敬　责任印制：常天培
保定市中画美凯印刷有限公司印刷
2017 年 8 月第 1 版第 2 次印刷
184mm×260mm · 13.5印张 · 331千字
4001—5500册
标准书号：ISBN 978-7-111-46781-6
定价：39.80元

编 委 会

主　编　韩雪涛

副主编　吴　瑛　韩广兴

参　编　马　楠　宋永欣　梁　明　宋明芳

　　　　张丽梅　孙　涛　张湘萍　吴　玮

　　　　高瑞征　周　洋　吴鹏飞　吴惠英

　　　　韩雪冬　韩　菲　马敬宇　王新霞

　　　　孙承满

前 言

电动机维修技能是电气设备维修工必不可少的一项专项、专业、基础、实用技能。该项技能的岗位需求非常广泛。随着技术的飞速发展以及市场竞争的日益加剧，越来越多的人认识到实用技能的重要性，电动机维修技能的学习和培训也逐渐从知识层面延伸到技能层面。学习者更加注重电动机维修技能能够用在哪儿，应用电动机维修技能可以做什么。然而，目前市场上很多相关的图书仍延续传统的编写模式，不仅严重影响了学习的时效性，而且在实用性上也大打折扣。

针对这种情况，为使电气设备维修工快速掌握技能，及时应对岗位的发展需求，我们对电动机维修内容进行了全新的梳理和整合，结合岗位培训的特色，根据国家职业标准组织编写构架，引入多媒体出版特色，力求打造出具有全新学习理念的电动机维修入门图书。

在编写理念方面

本书将国家职业技能标准与行业培训特色相融合，以市场需求为导向，以直接指导就业作为图书编写的目标，注重实用性和知识性的融合，将学习技能作为图书的核心思想。书中的知识内容完全为技能服务，知识内容以实用、够用为主。全书突出操作，强化训练，让学习者阅读图书时不是在单纯地学习内容，而是在练习技能。

在编写形式方面

本书突破传统图书的编排和表述方式，引入了多媒体表现手法，采用双色图解的方式向学习者演示电动机维修的知识技能，将传统意义上的以"读"为主变成以"看"为主，力求用生动的图例演示取代枯燥的文字叙述，使学习者通过二维平面图、三维结构图、演示操作图、实物效果图等多种图解方式直观地获取实用技能中的关键环节和知识要点。本书力求在最大程度上丰富纸质载体的表现力，充分调动学习者的学习兴趣，达到最佳的学习效果。

在内容结构方面

本书在结构的编排上，充分考虑当前市场的需求和读者的情况，结合实际岗位培训的经验对电动机维修这项技能进行全新的章节设置；内容的选取以实用为原则，案例的选择严格按照上岗从业的需求展开，确保内容符合实际工作的需要；知识性内容在注重系统性的同时以够用为原则，明确知识为技能服务，确保图书的内容符合市场需要，具备很强的实用性。

在专业能力方面

本书编委会由行业专家、高级技师、资深多媒体工程师和一线教师组成，编委会成员除具备丰富的专业知识外，还具备丰富的教学实践经验和图书编写经验。

为确保图书的行业导向和专业品质，特聘请原信息产业部职业技能鉴定指导中心资深专家韩广兴担任顾问，亲自指导，使本书充分以市场需求和社会就业需求为导向，确保图书内容符合职业技能鉴定标准，达到规范性就业的目的。

在增值服务方面

为了更好地满足读者的需求，达到最佳的学习效果，本书得到了数码维修工程师鉴定指导中心的大力支持，除提供免费的专业技术咨询外，本书还附赠面值为50积分的数码维修工程师远程培训基金（培训基金以"学习卡"的形式提供）。读者可凭借学习卡登录数码维修工程师的官方网站（www.chinadse.org）获得超值技术服务。该网站提供最新的行业信息，大量的视频教学资源、图样、技术手册等学习资料以及技术论坛。用户凭借学习卡可随时了解最新的数码维修工程师考核培训信息，知晓电子电气领域的业界动态，实现远程在线视频学习，下载需要的图样、技术手册等学习资料。此外，读者还可通过该网站的技术交流平台进行技术的交流与咨询。

本书由韩雪涛任主编，吴瑛、韩广兴任副主编，宋永欣、梁明、宋明芳、马楠、张丽梅、孙涛、韩菲、张湘萍、吴鹏飞、韩雪冬、吴玮、高瑞征、吴惠英、王新霞、孙承满、周洋、马敬宇参加编写。

读者通过学习与实践还可参加相关资质的国家职业资格或工程师资格认证，可获得相应等级的国家职业资格证书或数码维修工程师资格证书。如果读者在学习和考核认证方面有什么问题，可通过以下方式与我们联系。

数码维修工程师鉴定指导中心
网址：http://www.chinadse.org
联系电话：022-83718162/83715667/13114807267
E-MAIL:chinadse@163.com
地址：天津市南开区榕苑路4号天发科技园8-1-401
邮编：300384

希望本书的出版能够帮助读者快速掌握电动机维修技能，同时欢迎广大读者给我们提出宝贵建议！如书中存在问题，可发邮件至cyztian@126.com与编辑联系！

编　者

目录

第1章 电动机的种类和功能

1.1
直流电动机的种类和功能

1.1.1 直流电动机的功能

直流电动机主要采用直流供电方式，因此可以说所有由直流电源（电源有正负极之分）进行供电的电动机都可称为直流电动机。大部分电子产品中的电动机都是直流电动机。

【典型直流电动机的实物图】

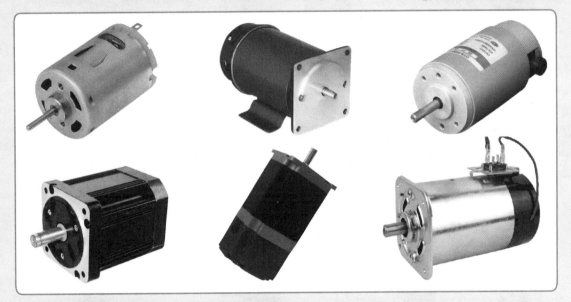

直流电动机具有良好的起动性能和控制性能，且能在较宽的调速范围内实现均匀、平滑地无级调速，适用于起停控制频繁的控制系统。

【直流电动机的功能】

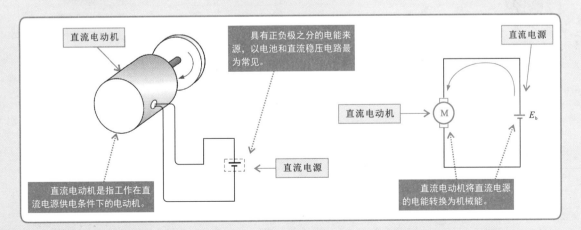

直流电动机

具有正负极之分的电能来源，以电池和直流稳压电路最为常见。

直流电源

直流电动机 → Ⓜ

直流电源 E_b

直流电源

直流电动机是指工作在直流电源供电条件下的电动机。

直流电动机将直流电源的电能转换为机械能

直流电动机具有良好的可控性能，因此很多对调速性能要求较高的产品或设备中都采用了直流电动机作为动力源。可以说，直流电动机几乎涉及各种领域。例如，在家用电子电器产品、电动产品、工农业设备、交通运输设备，甚至在军事和宇航方面等很多对调速和起动性能要求高的场合都有广泛应用。

【直流电动机在电子电器和电动产品中的应用】

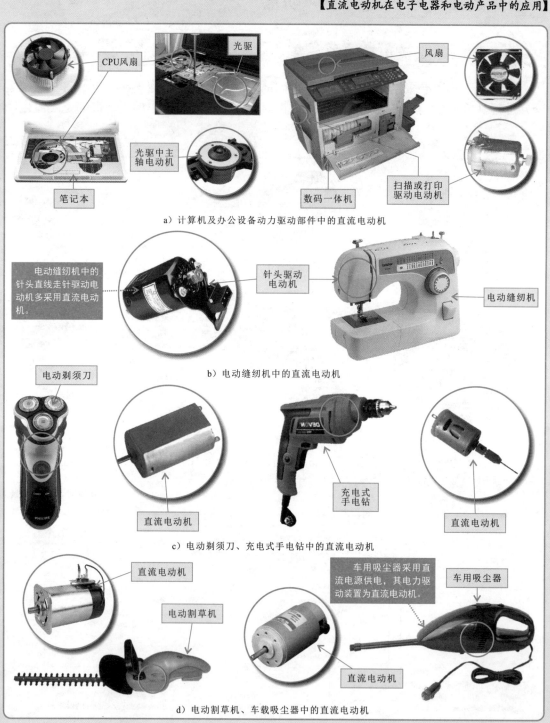

a）计算机及办公设备动力驱动部件中的直流电动机

b）电动缝纫机中的直流电动机

c）电动剃须刀、充电式手电钻中的直流电动机

d）电动割草机、车载吸尘器中的直流电动机

【直流电动机在交通运输和工农业设备中的应用】

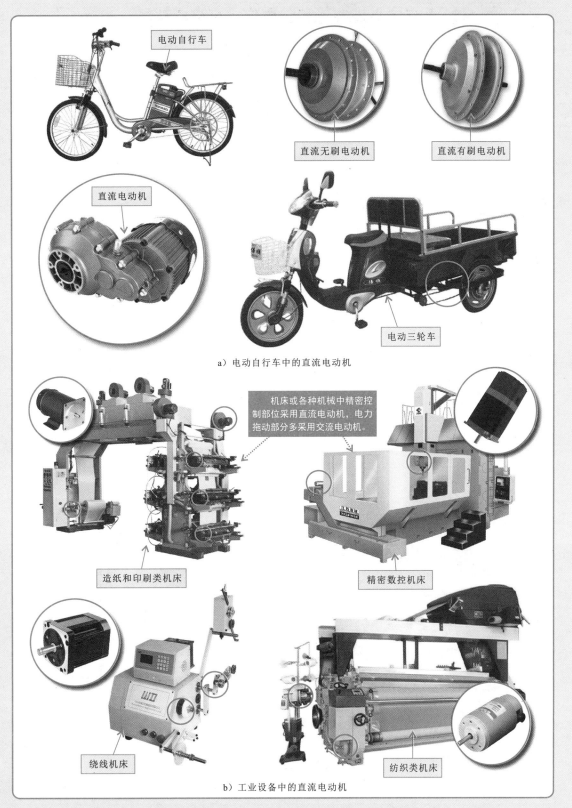

电动自行车

直流无刷电动机

直流有刷电动机

直流电动机

电动三轮车

a) 电动自行车中的直流电动机

机床或各种机械中精密控制部位采用直流电动机，电力拖动部分多采用交流电动机。

造纸和印刷类机床

精密数控机床

绕线机床

纺织类机床

b) 工业设备中的直流电动机

1.1.2 永磁式直流电动机和电磁式直流电动机

　　直流电动机按照定子磁场的不同，可以分为永磁式直流电动机和电磁式直流电动机。其中，永磁式直流电动机的定子磁极是由永久磁体组成的，利用永磁体提供磁场，使转子在磁场的作用下旋转。电磁式直流电动机的定子磁极是由铁心和绕组组成的，在直流电流的作用下，定子绕组产生磁场，驱动转子旋转。

【永磁式直流电动机】

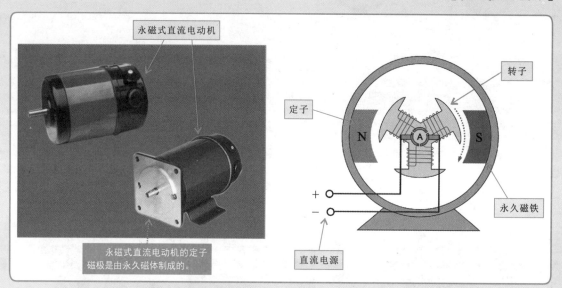

【电磁式直流电动机】

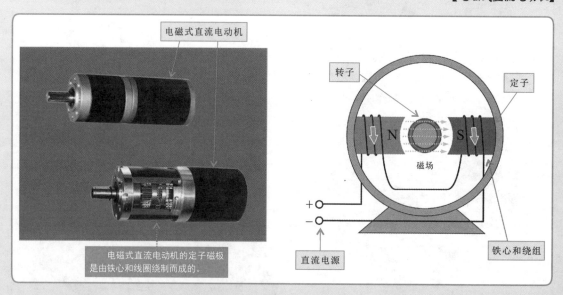

特别提醒

电磁式直流电动机根据其线圈供电方式的不同又可以分为他励、并励、串励、复励等几种直流电动机。

1.1.3 有刷直流电动机和无刷直流电动机

直流电动机按照结构的不同，可以分为有刷直流电动机和无刷直流电动机。有刷直流电动机和无刷直流电动机的外形相似，主要是通过内部是否包含电刷和换向器进行区分的。

【有刷直流电动机】

有刷电动机工作时，绕组和换向器旋转，直流电源通过电刷为转子上的绕组供电。

定子　　绕组（线圈）

N

换向器　　电刷

S

定子机座

有刷直流电动机

电池

特别提醒

　　有刷直流电动机的定子是永磁体，转子由绕组线圈和换向器构成。电刷安装在定子机座上，电源通过电刷及换向器来实现电动机绕组（线圈）中电流方向的变化。

　　有刷直流电动机工作时，绕组和换向器旋转，直流电源通过电刷为转子上的绕组（线圈）供电。由于电刷和换向器是靠弹性压力互相接触传送电流的，因而存在磨损和电火花的问题。在使用过程中，需要经常清洁和更换刷片。这些问题限制了有刷直流电动机的使用环境。

【无刷直流电动机】

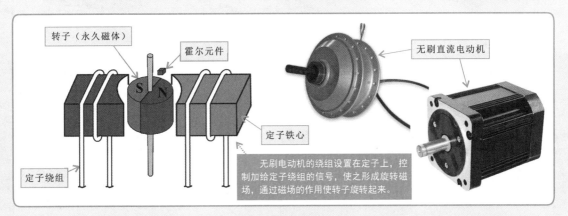

转子（永久磁体）　　霍尔元件

S N

定子铁心

无刷直流电动机

定子绕组

无刷电动机的绕组设置在定子上，控制加给定子绕组的信号，使之形成旋转磁场，通过磁场的作用使转子旋转起来。

特别提醒

　　无刷直流电动机将绕组（线圈）安装在不旋转的定子上，由定子产生磁场驱使转子旋转。转子由永久磁体制成，不需要为转子供电，因此省去了电刷和换向器，转子磁极受到定子磁场的作用即会转动。

　　无刷直流电动机工作时，定子绕组供电产生旋转磁场，作用于转子磁极，使转子旋转。霍尔元件位于靠近转子磁极的地方，主要用于检测转子磁极的位置，以便控制定子绕组供电的极性。

1.2
交流电动机的种类和功能

1.2.1 交流电动机的功能

交流电动机主要采用交流供电方式（单相220V或三相380V），因此可以说所有由交流电源直接进行供电的电动机都可称为交流电动机，该电动机在现代各行各业以及日常生活中都有着广泛的应用。

【典型交流电动机的实物图】

交流电动机具有输出转矩大、运行可靠、负载能力强的特点。

【交流电动机的功能】

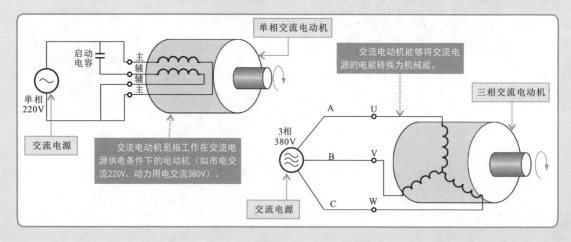

交流电动机具有结构简单、工作可靠、工作效率和带负载能力较强等特点，使其应用十分广泛。例如，交流电动机在家用电器中、工农业生产机械、交通运输、国防、商业及医疗设备等各方面都有广泛应用。

【交流电动机在家用电器和医疗设备中的应用】

洗衣机中的洗涤电动机采用交流电动机。

交流电动机（单相异步）

洗衣机

吸尘器

电风扇

交流电动机（单相异步）

电风扇中用于驱动扇叶转动的电动机采用交流电动机。

交流电动机（单相异步）

吸尘器中用于吸尘工作的涡轮式抽气机采用交流电动机。

a）家用电器中的交流电动机

医用饮片机

自动化仪表设备

交流电动机

交流电动机

药用粉碎机

b）医疗设备中的交流电动机

【交流电动机在工农业生产机械中的应用】

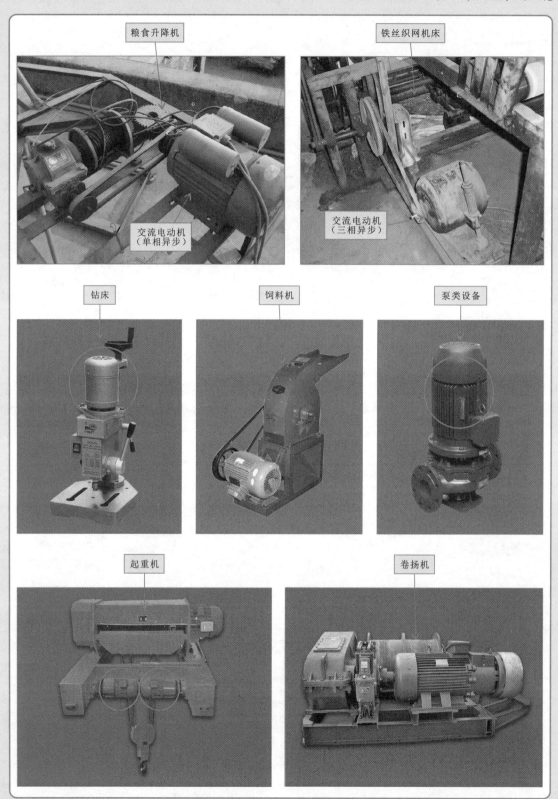

粮食升降机

铁丝织网机床

交流电动机
（单相异步）

交流电动机
（三相异步）

钻床

饲料机

泵类设备

起重机

卷扬机

1.2.2　单相交流电动机和三相交流电动机

交流电动机是通过交流电源供给电能，并可将电能转变为机械能的一类电动机。交流电动机根据供电方式的不同，可分为单相交流电动机和三相交流电动机两大类。

单相交流电动机采用单相交流电源供电方式，多用于家用电子产品中。三相交流电动机是利用三相交流电源供电方式提供电能，多用于工业生产中的动力设备中。

【单相交流电动机】

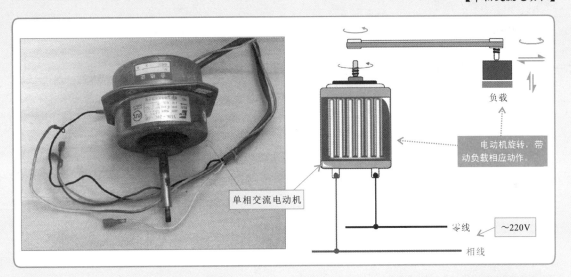

【三相交流电动机】

1.2.3 交流同步电动机和交流异步电动机

单相交流电动机和三相交流电动机根据转动速率与电源频率关系的不同，可以分为同步电动机和异步电动机两种。交流同步电动机是指电动机转速与电源频率保持同步，交流异步电动机是指电动机转速与电源频率不同步。

【单相交流同步和异步电动机】

单相交流同步电动机的转动速度与供电电源的频率保持同步，其速度不随负载的变化而变化。

单相交流异步电动机的转速与电源供电频率不同步，具有输出转矩较大、成本较低等特点。

单相交流同步电动机   单相交流异步电动机

特别提醒

单相交流同步电动机多用于对转速有一定要求的自动化仪器和生产设备中；单相交流异步电动机多用于输出转矩较大、转速精度要求不高的机电设备中。

【三相交流同步和异步电动机】

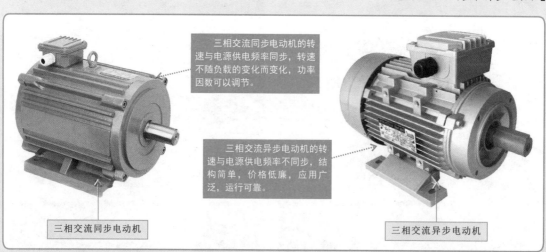

三相交流同步电动机的转速与电源供电频率同步，转速不随负载的变化而变化，功率因数可以调节。

三相交流异步电动机的转速与电源供电频率不同步，结构简单，价格低廉，应用广泛，运行可靠。

三相交流同步电动机   三相交流异步电动机

特别提醒

三相交流同步电动机多用于转速恒定，且对转速有严格要求的大功率机电设备中；三相交流异步电动机广泛应用于工农业机械、运输机械、机床等设备中。

第2章 直流电动机的结构和工作原理

2.1
永磁式直流电动机的结构和工作原理

第2章

2.1.1 永磁式直流电动机的结构

永磁式直流电动机的定子磁体与圆柱形外壳制成一体，转子绕组绕制在铁心上与转轴制成一体，绕组的引线焊接在换向器上，通过电刷为其供电，电刷安装在定子机座上与外部电源相连。

【永磁式直流电动机的结构】

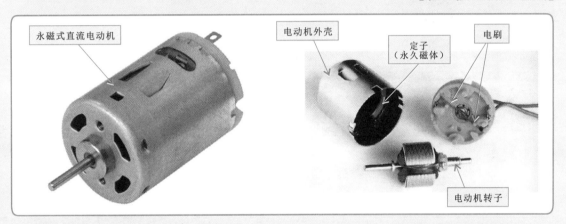

1. 永磁式直流电动机的定子

由于两个永磁体全部安装在一个由铁磁性材料制成的圆筒内，所以圆筒外壳就成为中性磁极部分，内部两个磁体分别为N极和S极，这就构成了产生定子磁场的磁极，转子安装于其中就会受到磁场的作用而产生转动力矩。

【永磁式直流电动机定子的结构】

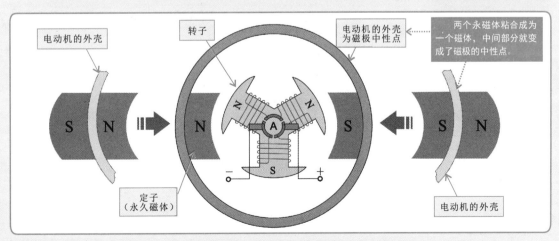

2. 永磁式直流电动机的转子

永磁式直流电动机的转子是由绝缘轴套、换向器、转子铁心、绕组及转轴（电动机轴）等部分构成的。

【永磁式直流电动机转子的结构】

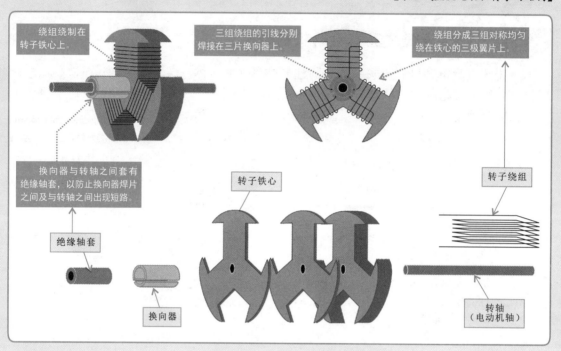

绕组绕制在转子铁心上。

三组绕组的引线分别焊接在三片换向器上。

绕组分成三组对称均匀绕在铁心的三极翼片上。

换向器与转轴之间套有绝缘轴套，以防止换向器焊片之间及与转轴之间出现短路。

绝缘轴套

换向器

转子铁心

转子绕组

转轴（电动机轴）

3. 永磁式直流电动机换向器和电刷部分

换向器是将三个（或多个）环形金属片（铜或银材料）嵌在绝缘轴套上制成的，是转子绕组的供电端。电刷是由铜石墨或银石墨组成的导电块，电刷通过压力弹簧的压力接触到换向器上，也就是说电刷和换向器是靠弹性压力互相接触向转子绕组传送电流的。

【永磁式直流电动机换向器和电刷的结构】

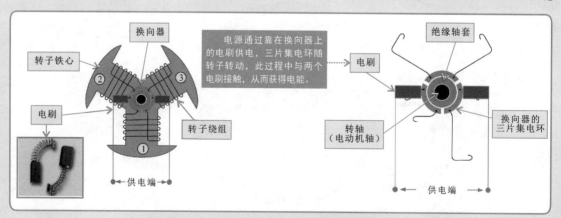

换向器

转子铁心

电刷

电源通过靠在换向器上的电刷供电，三片集电环随转子转动，此过程中与两个电刷接触，从而获得电能。

转子绕组

绝缘轴套

电刷

转轴（电动机轴）

换向器的三片集电环

供电端

供电端

2.1.2 永磁式直流电动机的工作原理

1. 永磁式直流电动机的特性

　　由于导体在磁场中有电流流过就会受到磁场的作用而产生转矩，这是电动机转子能够旋转的原理。转子绕组有电流流过时，导体受到定子磁场的作用所产生生力的方向，遵循左手定则。

【永磁式直流电动机的电磁转矩产生原理】

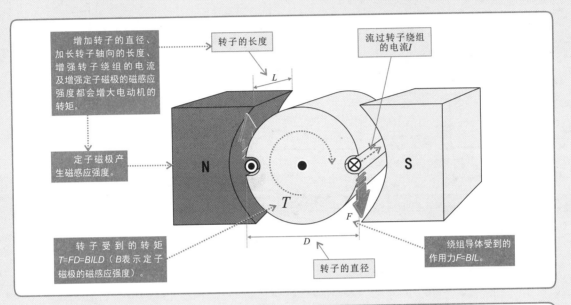

增加转子的直径、加长转子轴向的长度、增强转子绕组的电流及增强定子磁极的磁感应强度都会增大电动机的转矩。

定子磁极产生磁感应强度。

转子的长度

流过转子绕组的电流I

转子受到的转矩 T=FD=BILD（B表示定子磁极的磁感应强度）。

转子的直径

绕组导体受到的作用力F=BIL。

特别提醒

　　通电导体在外磁场中的受力方向一般可用左手定则判断，即伸开左手，使拇指与其余四指垂直，并与手掌在同一平面内，让磁力线穿入手心（手心面向磁场N极），四指指向电流方向，拇指所指的方向就是导体的受力方向。

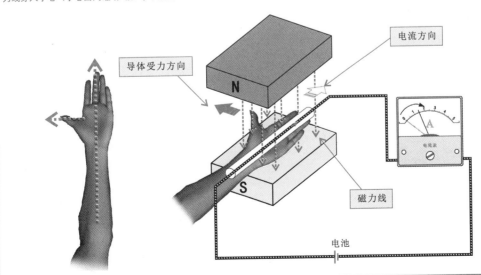

导体受力方向

电流方向

磁力线

电池

永磁式直流电动机外加直流电源后，转子会受到磁场的作用力而旋转，但是当转子绕组旋转时又会切割磁力线而产生电动势，该电动势的方向与外加电源的方向相反，因而被称之为反电动势。因此，当电动机旋转起来后，电动机绕组所加电压等于外加电源电压与反电动势之差，其值小于起动电压。

【永磁式直流电动机的反电动势】

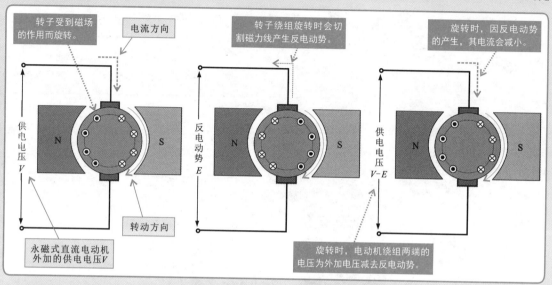

2. 永磁式直流电动机的转动原理

永磁式直流电动机有两极转子、三极转子和多极转子之分，其铁心的结构和线圈数有所不同，但其基本的原理大致相同。

【两极转子永磁式直流电动机和三极转子永磁式直流电动机的结构】

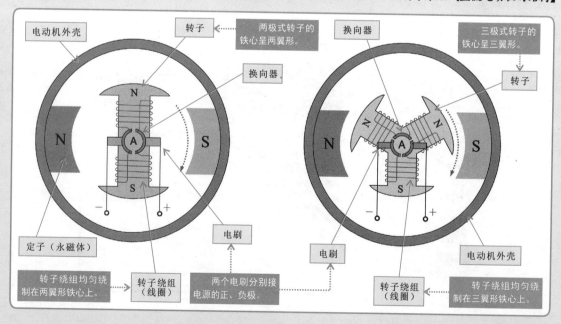

【两极转子永磁式直流电动机的转动原理】

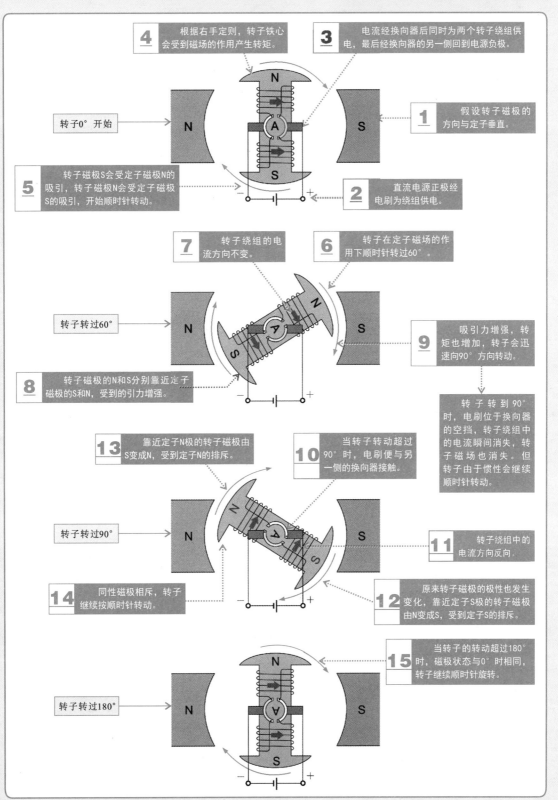

4 根据右手定则，转子铁心会受到磁场的作用产生转矩。

3 电流经换向器后同时为两个转子绕组供电，最后经换向器的另一侧回到电源负极。

转子0° 开始

1 假设转子磁极的方向与定子垂直。

5 转子磁极S会受定子磁极N的吸引，转子磁极N会受定子磁极S的吸引，开始顺时针转动。

2 直流电源正极经电刷为绕组供电。

7 转子绕组的电流方向不变。

6 转子在定子磁场的作用下顺时针转过60°。

转子转过60°

9 吸引力增强，转矩也增加，转子会迅速向90°方向转动。

8 转子磁极的N和S分别靠近定子磁极的S和N，受到的引力增强。

转子转到90°时，电刷位于换向器的空挡，转子绕组中的电流瞬间消失，转子磁场也消失。但转子由于惯性会继续顺时针转动。

13 靠近定子N极的转子磁极由S变成N，受到定子N的排斥。

10 当转子转动超过90°时，电刷便与另一侧的换向器接触。

转子转过90°

11 转子绕组中的电流方向反向。

14 同性磁极相斥，转子继续按顺时针转动。

12 原来转子磁极的极性也发生变化，靠近定子S极的转子磁极由N变成S，受到定子S的排斥。

15 当转子的转动超过180°时，磁极状态与0°时相同，转子继续顺时针旋转。

转子转过180°

【三极转子永磁式直流电动机的转动原理】

3 左侧的N与定子N靠近，两者相斥。

4 右侧转子的N与定子S靠近，受到吸引。

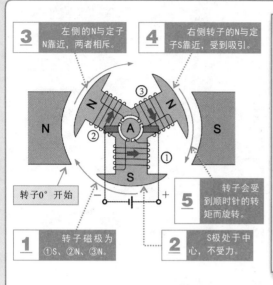

转子0° 开始

5 转子会受到顺时针的转矩而旋转。

1 转子磁极为①S、②N、③N。

2 S极处于中心，不受力。

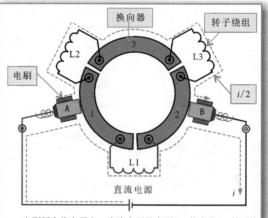

　　电刷压在换向器上，直流电压经电刷A、换向器1、转子绕组L1、换向器2、电刷B形成回路，实现为转子绕组L1供电。流过L2、L3的电流为$i/2$。

8 转子①仍为S极，受定子N极顺时针方向吸引。

6 转子转过60°时，电刷与换向器相互位置发生变化。

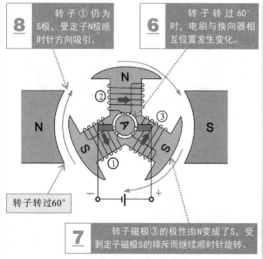

转子转过60°

7 转子磁极③的极性由N变成了S，受到定子磁极S的排斥而继续顺时针旋转。

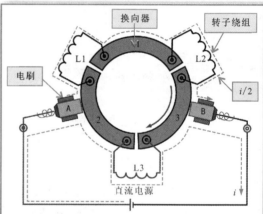

　　转子带动换向器转动一定角度后，直流电压经电刷A、换向器2、转子绕组L3、换向器3、电刷B形成回路，实现为转子绕组L3供电。流过L1、L2的电流为$i/2$。

10 磁极①由S变成N，与初始位置状态相同，转子继续顺时针转动。

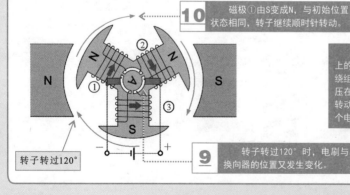

转子转过120°

9 转子转过120°时，电刷与换向器的位置又发生变化。

　　由于转子工作时是旋转的，因此安装在转子上的换向器也是旋转的，供电电源的引线不能与绕组引线或换向器引线焊接在一起，电源是通过压在换向器上的电刷进行供电，借助弹性压力为转动的绕组供电，三片换向片在转动过程中与两个电刷的刷片接触，从而获得电能。

2.2

电磁式直流电动机的结构和工作原理

2.2.1　电磁式直流电动机的结构

电磁式直流电动机是将用于产生定子磁场的永磁体用电磁铁取代，定子铁心上绕有绕组（线圈），转子部分是由转子铁心、转子绕组（线圈）、换向器及转轴组成的。

【电磁式直流电动机的结构】

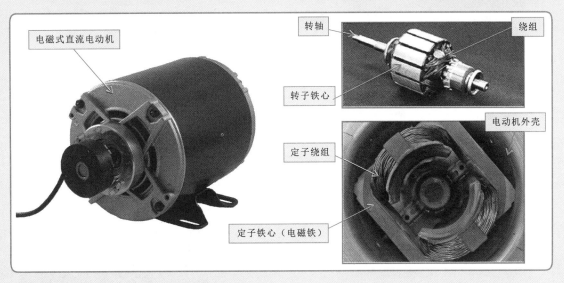

1. 电磁式直流电动机的定子

电磁式直流电动机的外壳内设有两组铁心，铁心上绕有线圈（定子绕组），绕组由直流电压供电，当有电流流过时，定子铁心便会产生磁场。

【电磁式直流电动机定子的结构】

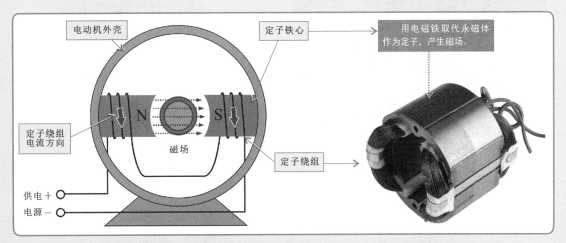

2. 电磁式直流电动机的转子

将转子铁心制成圆柱状，周围开多个绕组槽以便将多组绕组嵌入槽中，增加转子绕组的匝数可以增强电动机的起动转矩。

【电磁式直流电动机转子的结构】

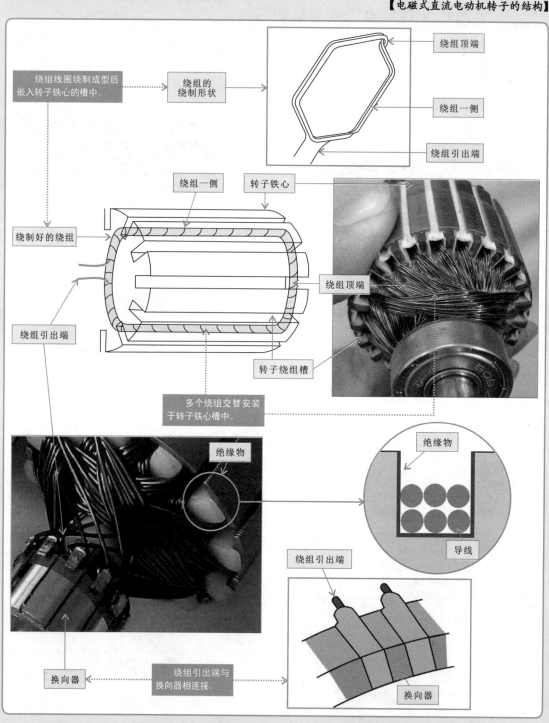

2.2.2 电磁式直流电动机的工作原理

1. 电磁式直流电动机的种类和工作原理

电磁式直流电动机根据内部结构和供电方式的不同，可以分为他励直流电动机、并励直流电动机、串励直流电动机及复励直流电动机。

【他励直流电动机的工作原理】

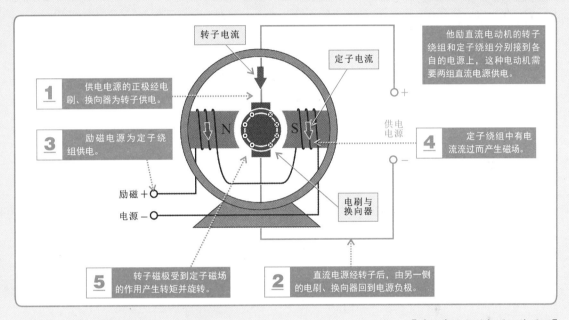

【并励直流电动机的工作原理】

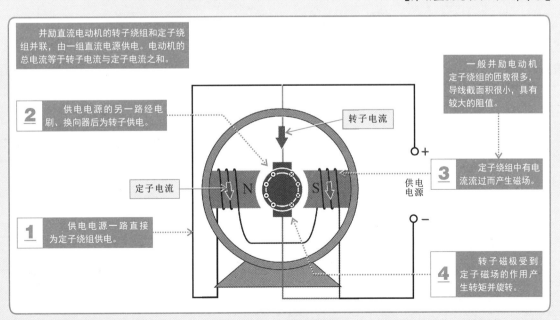

【串励直流电动机的工作原理】

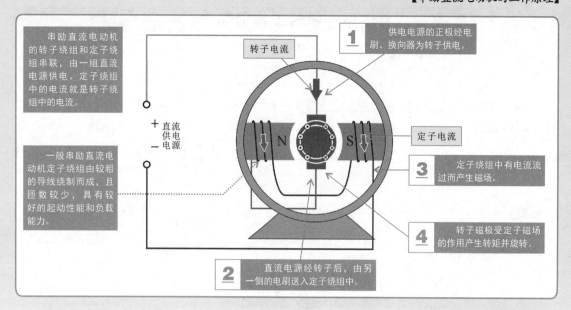

串励直流电动机的转子绕组和定子绕组串联，由一组直流电源供电。定子绕组中的电流就是转子绕组中的电流。

一般串励直流电动机定子绕组由较粗的导线绕制而成，且匝数较少，具有较好的起动性能和负载能力。

转子电流

1 供电电源的正极经电刷、换向器为转子供电。

定子电流

3 定子绕组中有电流流过而产生磁场。

4 转子磁极受定子磁场的作用产生转矩并旋转。

2 直流电源经转子后，由另一侧的电刷送入定子绕组中。

+ 直流供电电源 −

【复励直流电动机的工作原理】

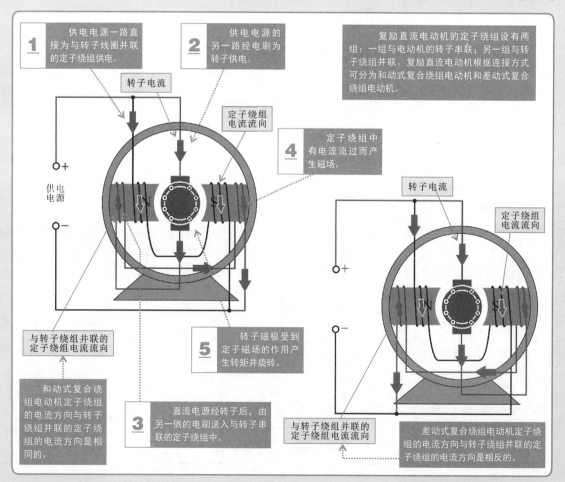

1 供电电源一路直接为与转子线圈并联的定子绕组供电。

2 供电电源的另一路经电刷为转子供电。

复励直流电动机的定子绕组设有两组：一组与电动机的转子串联；另一组与转子绕组并联。复励直流电动机根据连接方式可分为和动式复合绕组电动机和差动式复合绕组电动机。

转子电流

定子绕组电流流向

4 定子绕组中有电流流过而产生磁场。

转子电流

定子绕组电流流向

供电电源 + −

与转子绕组并联的定子绕组电流流向

5 转子磁极受到定子磁场的作用产生转矩并旋转。

和动式复合绕组电动机定子绕组的电流方向与转子绕组并联的定子绕组的电流方向是相同的。

3 直流电源经转子后，由另一侧的电刷送入与转子串联的定子绕组中。

与转子绕组并联的定子绕组电流流向

差动式复合绕组电动机定子绕组的电流方向与转子绕组并联的定子绕组的电流方向是相反的。

2. 电磁式直流电动机的控制方式

电磁式直流电动机在控制电路的控制下可实现转速、正反转等控制。

【电磁式直流电动机的转速控制方式】

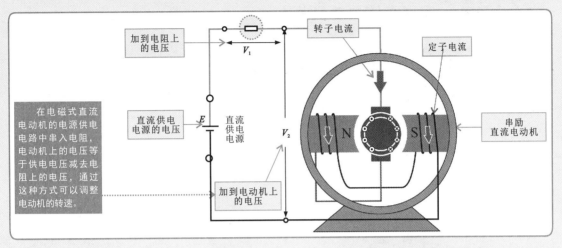

加到电阻上的电压

转子电流

定子电流

直流供电电源的电压

串励直流电动机

在电磁式直流电动机的电源供电电路中串入电阻，电动机上的电压等于供电电压减去电阻上的电压，通过这种方式可以调整电动机的转速。

加到电动机上的电压

【电磁式直流电动机的磁场控制方式】

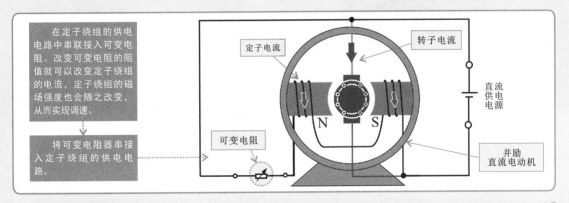

在定子绕组的供电电路中串联接入可变电阻。改变可变电阻的阻值就可以改变定子绕组的电流，定子绕组的磁场强度也会随之改变，从而实现调速。

将可变电阻器串接入定子绕组的供电电路。

定子电流

转子电流

直流供电电源

可变电阻

并励直流电动机

【电磁式直流电动机的正反转控制方式】

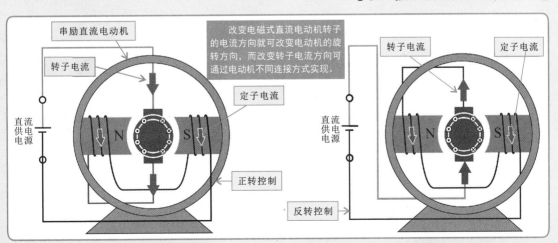

串励直流电动机

转子电流

改变电磁式直流电动机转子的电流方向就可改变电动机的旋转方向，而改变转子电流方向可通过电动机不同连接方式实现。

转子电流

定子电流

定子电流

直流供电电源

直流供电电源

正转控制

反转控制

第2章

2.3

有刷直流电动机的结构和工作原理

2.3.1 有刷直流电动机的结构

　　有刷直流电动机的定子是由永磁体组成的，转子是由绕组、铁心和换向器构成的；电刷安装在定子机座上，电源通过电刷及换向器为电动机绕组（线圈）供电。

【有刷直流电动机的结构】

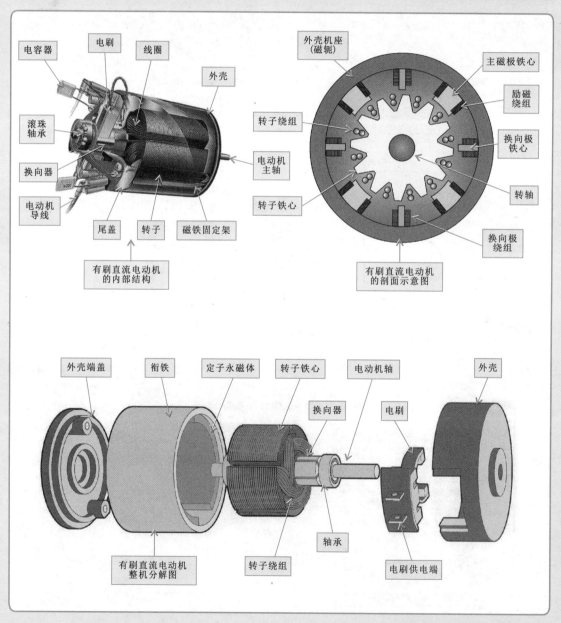

1. 有刷直流电动机定子部分

有刷直流电动机的定子部分主要由主磁极（定子永磁铁或励磁绕组）、衔铁、端盖和电刷等部分组成。

【有刷直流电动机定子的结构】

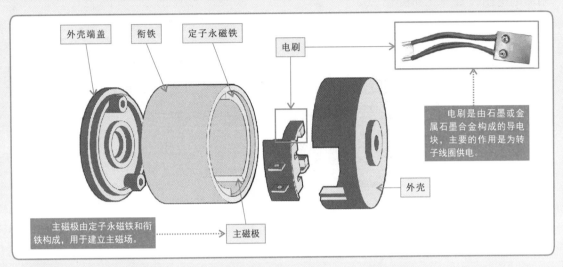

2. 有刷直流电动机转子部分

有刷直流电动机的转子部分主要由转子铁心、转子绕组、轴承、电动机轴、换向器等部分组成。

【有刷直流电动机转子的结构】

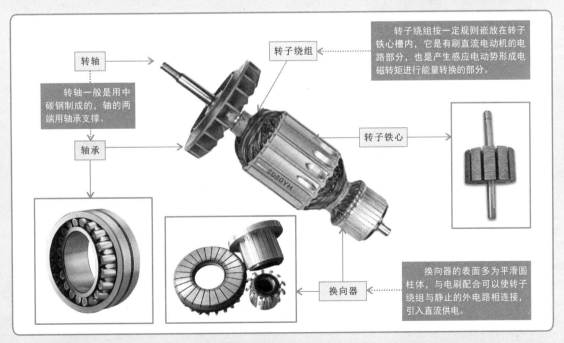

2.3.2 有刷直流电动机的工作原理

有刷直流电动机工作时，绕组和换向器旋转，主磁极（定子）和电刷不旋转，直流电源经电刷加到转子绕组上，绕组电流方向的交替变化是随电动机转动的换向器及与其相关的电刷位置变化而变化的。

【有刷直流电动机的工作原理】

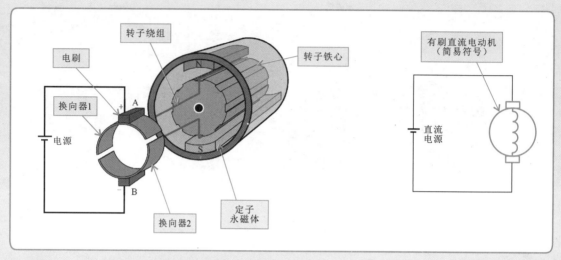

 1. 有刷直流电动机接通电源瞬间的工作过程

有刷直流电动机接通电源一瞬间时，直流电源的正、负两极通过电刷A和B与直流电动机的转子绕组接通，直流电流经电刷A、换向器1、绕组ab和cd、换向器2、电刷B返回到电源的负极。

【有刷直流电动机接通电源一瞬间的工作过程】

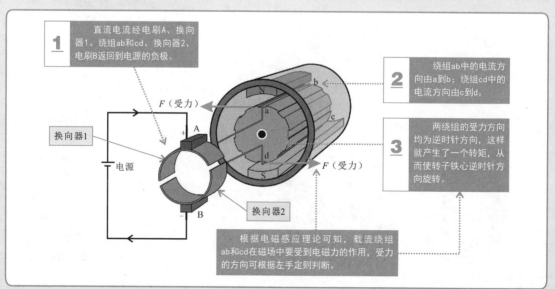

2. 有刷直流电动机转子转到90°时的工作过程

当有刷直流电动机转子转到90°时，两个绕组边处于磁场物理中性面，且电刷不与换向器接触，绕组中没有电流流过，$F=0$，转矩消失。

【有刷直流电动机转子转到90°时的工作过程】

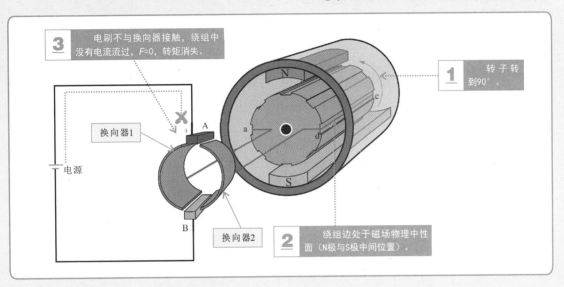

3. 有刷直流电动机再经90°旋转的工作过程

由于机械惯性的作用，有刷直流电动机的转子将冲过90°继续旋转至180°，这时绕组中又有电流流过，此时直流电流经电刷A、换向器2、绕组dc和ba、换向器1、电刷B返回到电源的负极。

【有刷直流电动机转子再经90°旋转的工作过程】

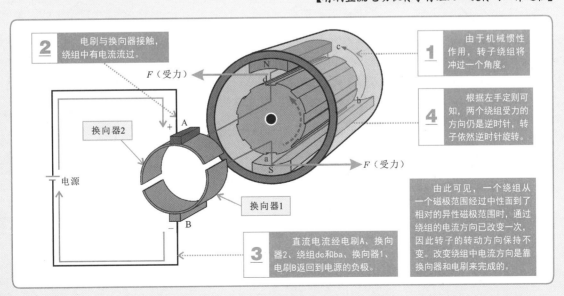

2.4 无刷直流电动机的结构和工作原理

第2章

2.4.1 无刷直流电动机的结构

无刷直流电动机是指没有电刷和换向器的电动机，其转子是由永久磁钢制成的，绕组绕制在定子上。定子上的霍尔元件用于检测转子磁极的位置，以便借助该位置信号控制定子绕组中的电流方向和相位，并驱动转子旋转。

【无刷直流电动机的结构】

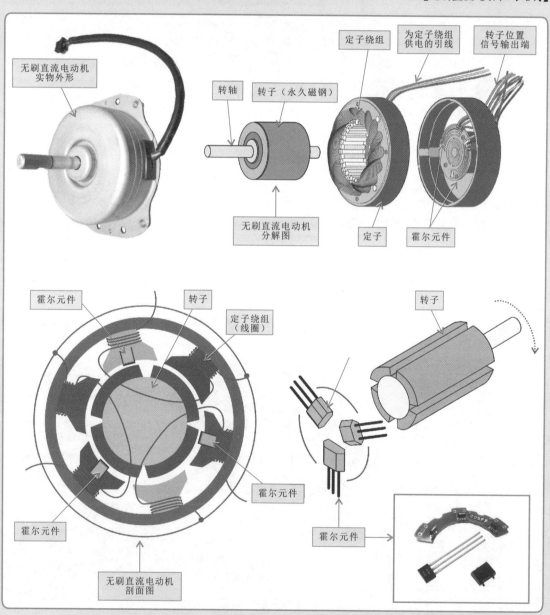

特别提醒

无刷直流电动机的外形多种多样，但基本结构均相同，都是由外壳、转轴、轴承、定子绕组、转子磁钢、霍尔元件等构成的。

电动自行车上的无刷直流电动机

外壳

轴承

转子磁钢

硅钢片

定子绕组连接引线

电动机转轴

定子绕组

霍尔元件

2.4.2 无刷直流电动机的工作原理

1. 无刷直流电动机的工作原理及工作过程

无刷直流电动机的转子由永久磁钢构成。它的圆周上设有多对磁极（N、S）。绕组绕制在定子上，当接通直流电源时，电源为定子绕组供电，磁钢受到定子磁场的作用而产生转矩并旋转。

【无刷直流电动机的转动原理】

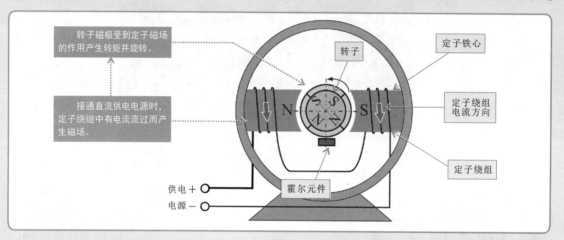

【无刷直流电动机霍尔元件的工作过程】

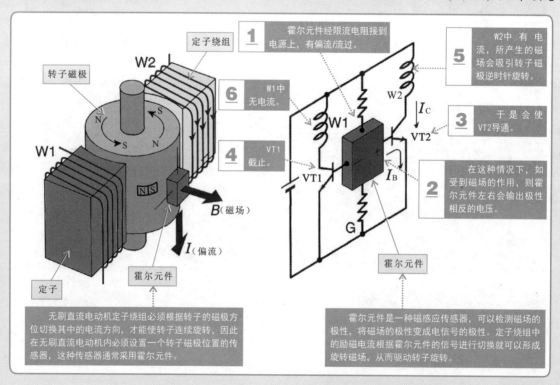

【无刷直流电动机在霍尔元件控制下的转动过程】

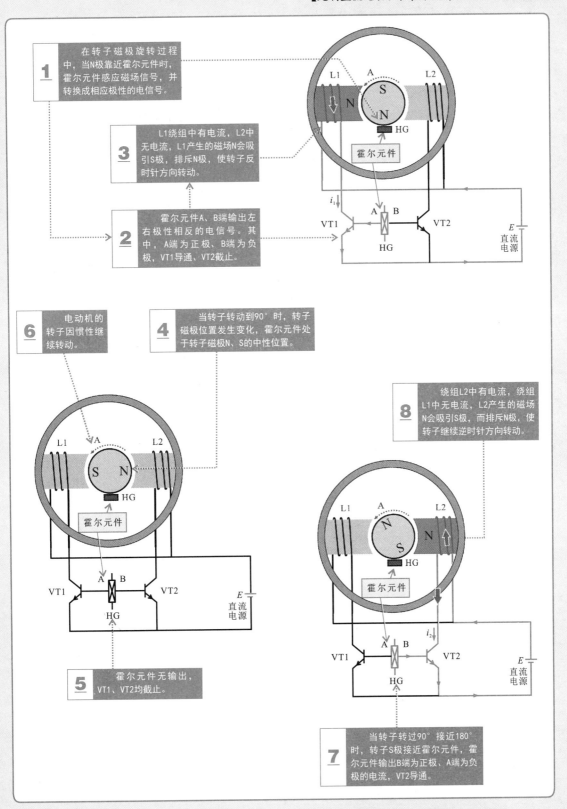

1 在转子磁极旋转过程中，当N极靠近霍尔元件时，霍尔元件感应磁场信号，并转换成相应极性的电信号。

3 L1绕组中有电流，L2中无电流，L1产生的磁场N会吸引S极，排斥N极，使转子反时针方向转动。

2 霍尔元件A、B端输出左右极性相反的电信号。其中，A端为正极、B端为负极，VT1导通、VT2截止。

6 电动机的转子因惯性继续转动。

4 当转子转动到90°时，转子磁极位置发生变化，霍尔元件处于转子磁极N、S的中性位置。

8 绕组L2中有电流，绕组L1中无电流，L2产生的磁场N会吸引S极，而排斥N极，使转子继续逆时针方向转动。

5 霍尔元件无输出，VT1、VT2均截止。

7 当转子转过90°接近180°时，转子S极接近霍尔元件，霍尔元件输出B端为正极，A端为负极的电流，VT2导通。

2. 无刷直流电动机的控制方式

在无刷直流电动机的结构中，当转子N、S极之间的位置为中性点时霍尔元件感受不到磁场，因而无输出，则定子绕组中也无电流，电动机只能靠惯性转动，若恰巧电动机停在此位置则会无法起动。为克服该问题在实践中也开发出多种控制方式。

【单极性三相半波通电方式的工作过程】

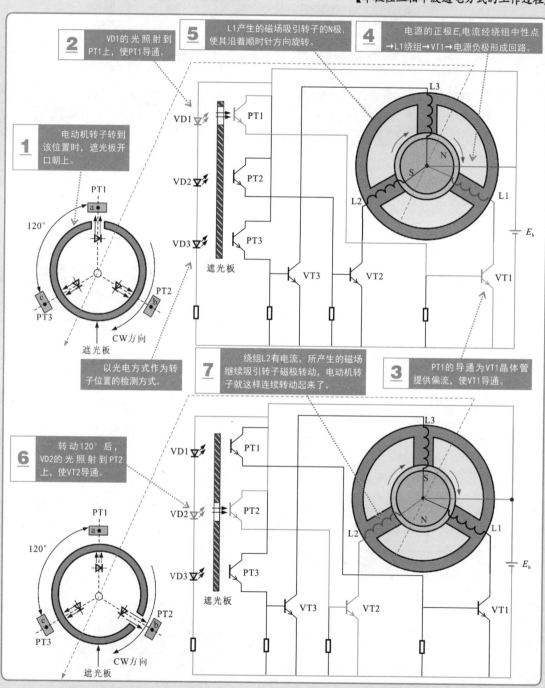

特别提醒

单极性三相半波通电方式是无刷直流电动机的控制方式之一。定子采用3相绕组120°分布，转子的位置检测设有三个光电检测器件（三个发光二极管和光敏晶体管）。发光二极管和光敏晶体管分别设置在遮光板的两侧，遮光板与转子一同旋转。遮光板有一个开口，当开口转到某一位置时，发光二极管的光会照射到光敏晶体管上，并使其导通，当电动机旋转时，三个光敏晶体管会循环导通。

如下图所示为单极性三相半波通电方式的无刷直流电动机各绕组的电流波形。由此可见，定子绕组的通电时间和通电顺序与转子的相位有关。

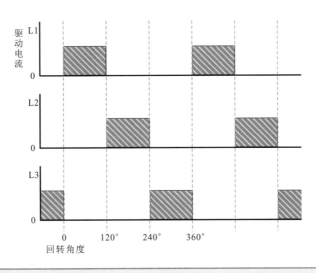

【单极性两相半波通电方式的工作过程】

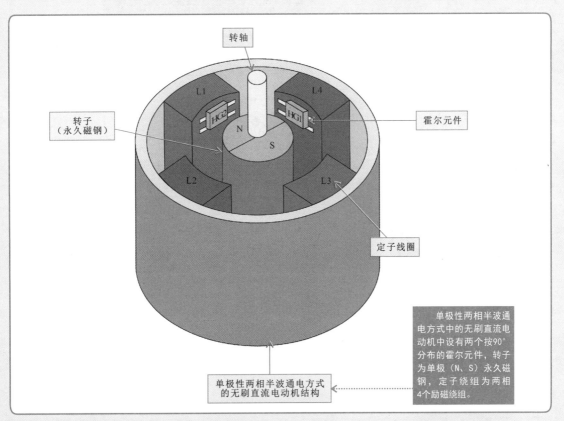

单极性两相半波通电方式的无刷直流电动机结构

单极性两相半波通电方式中的无刷直流电动机中设有两个按90°分布的霍尔元件，转子为单极（N、S）永久磁钢，定子绕组为两相4个励磁绕组。

【单极性两相半波通电方式的工作过程（续）】

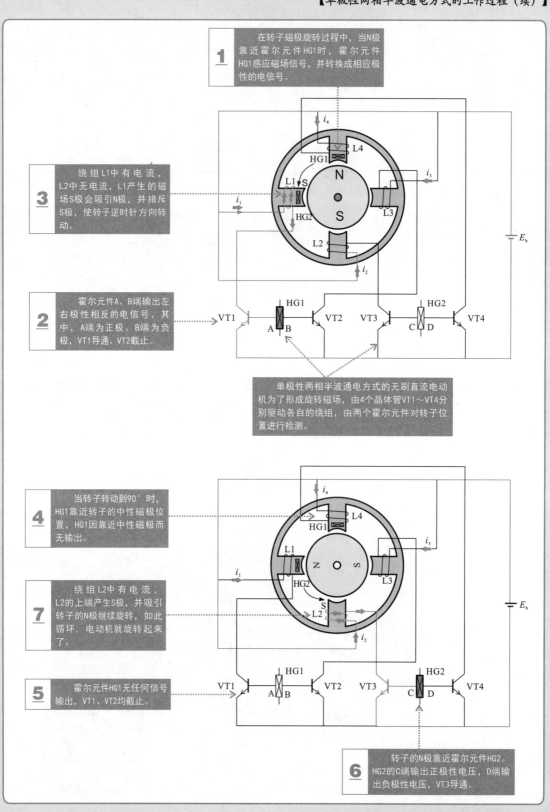

1 在转子磁极旋转过程中，当N极靠近霍尔元件HG1时，霍尔元件HG1感应磁场信号，并转换成相应极性的电信号。

3 绕组L1中有电流，L2中无电流，L1产生的磁场S极会吸引N极，并排斥S极，使转子逆时针方向转动。

2 霍尔元件A、B端输出左右极性相反的电信号。其中，A端为正极、B端为负极，VT1导通、VT2截止。

单极性两相半波通电方式的无刷直流电动机为了形成旋转磁场，由4个晶体管VT1～VT4分别驱动各自的绕组，由两个霍尔元件对转子位置进行检测。

4 当转子转动到90°时，HG1靠近转子的中性磁极位置，HG1因靠近中性磁极而无输出。

7 绕组L2中有电流，L2的上端产生S极，并吸引转子的N极继续旋转，如此循环，电动机就旋转起来了。

5 霍尔元件HG1无任何信号输出，VT1、VT2均截止。

6 转子的N极靠近霍尔元件HG2。HG2的C端输出正极性电压，D端输出负极性电压，VT3导通。

【双极性三相半波通电方式的工作过程】

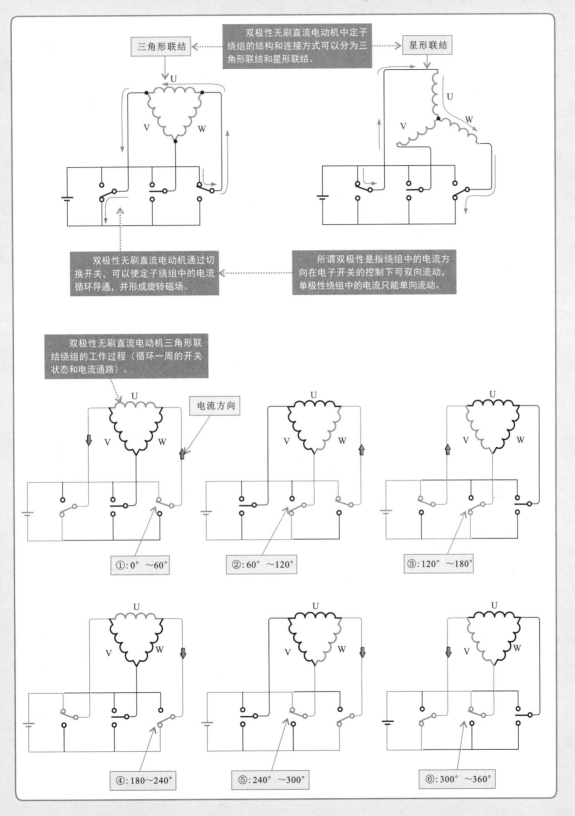

双极性无刷直流电动机中定子绕组的结构和连接方式可以分为三角形联结和星形联结。

三角形联结

星形联结

双极性无刷直流电动机通过切换开关，可以使定子绕组中的电流循环导通，并形成旋转磁场。

所谓双极性是指绕组中的电流方向在电子开关的控制下可双向流动，单极性绕组中的电流只能单向流动。

双极性无刷直流电动机三角形联结绕组的工作过程（循环一周的开关状态和电流通路）。

电流方向

①：0°～60°

②：60°～120°

③：120°～180°

④：180～240°

⑤：240°～300°

⑥：300°～360°

【双极性三相半波通电方式的无刷直流电动机驱动过程】

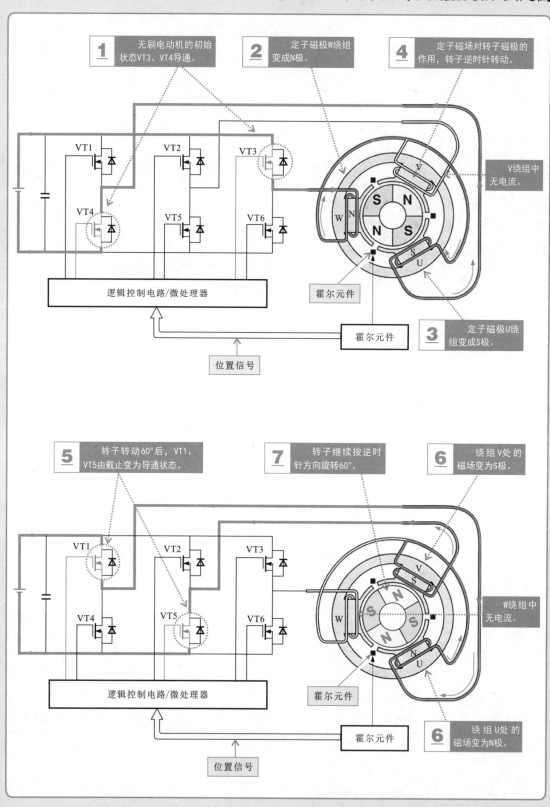

1 无刷电动机的初始状态VT3、VT4导通。

2 定子磁极W绕组变成N极。

4 定子磁场对转子磁极的作用，转子逆时针转动。

V绕组中无电流。

逻辑控制电路/微处理器

霍尔元件

霍尔元件

位置信号

3 定子磁极U绕组变成S极。

5 转子转动60°后，VT1、VT5由截止变为导通状态。

7 转子继续按逆时针方向旋转60°。

6 绕组V处的磁场变为S极。

W绕组中无电流。

逻辑控制电路/微处理器

霍尔元件

霍尔元件

位置信号

6 绕组U处的磁场变为N极。

第3章 交流电动机的结构和工作原理

3.1
单相交流电动机的结构和工作原理

3.1.1 单相交流电动机的结构

单相交流电动机是一种由单相交流电源供电的交流感应电机。为了便于起动，定子绕组通常设有两个绕组，并在空间上呈90°设置。

【单相交流电动机的结构】

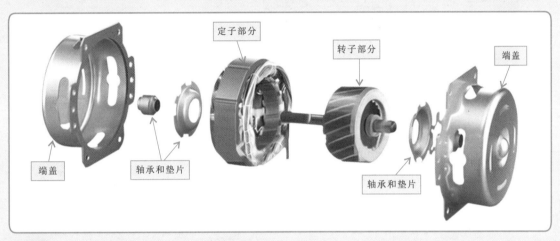

1. 单相交流电动机的定子

单相交流电动机的定子主要是由定子铁心、定子绕组和引出线等部分构成的。其定子结构主要有隐极式和凸极式两种形式。

【单相交流电动机定子的结构】

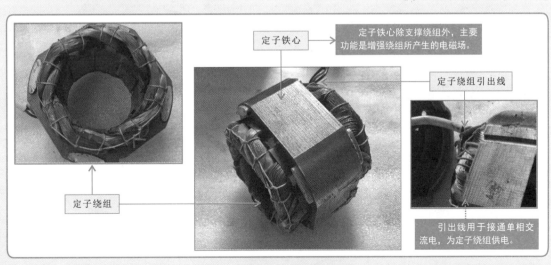

【单相交流电动机隐极式定子的结构】

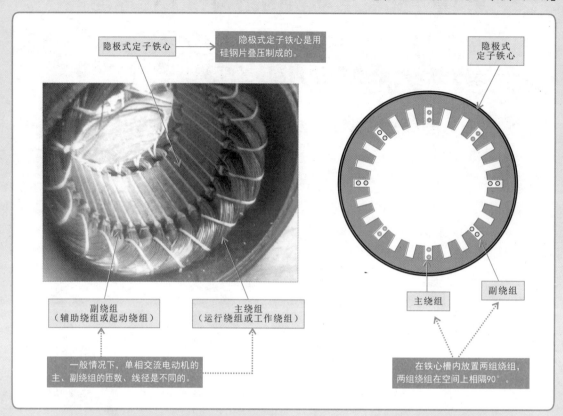

隐极式定子铁心

隐极式定子铁心是用硅钢片叠压制成的。

隐极式定子铁心

副绕组
（辅助绕组或起动绕组）

主绕组
（运行绕组或工作绕组）

主绕组

副绕组

一般情况下，单相交流电动机的主、副绕组的匝数、线径是不同的。

在铁心槽内放置两组绕组，两组绕组在空间上相隔90°。

【单相交流电动机凸极式定子的结构】

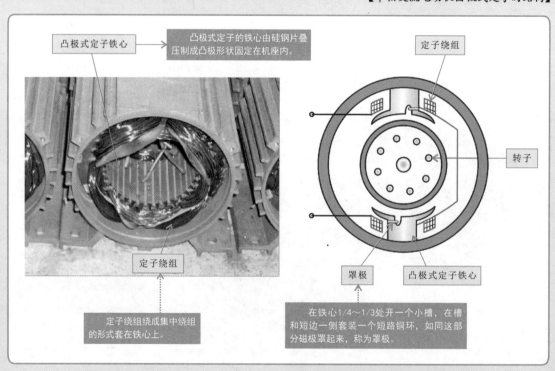

凸极式定子铁心

凸极式定子的铁心由硅钢片叠压制成凸极形状固定在机座内。

定子绕组

转子

定子绕组

罩极

凸极式定子铁心

定子绕组绕成集中绕组的形式套在铁心上。

在铁心1/4～1/3处开一个小槽，在槽和短边一侧套装一个短路铜环，如同这部分磁极罩起来，称为罩极。

特别提醒

电磁感应是电动机旋转的基本原理,电动机的功率越大,线圈中的电流越大,变化的磁场会在铁心中产生涡流,从而降低效率,因此转子铁心和定子铁心必须采用叠层结构而且层间要采取绝缘措施,以减小涡流损耗。

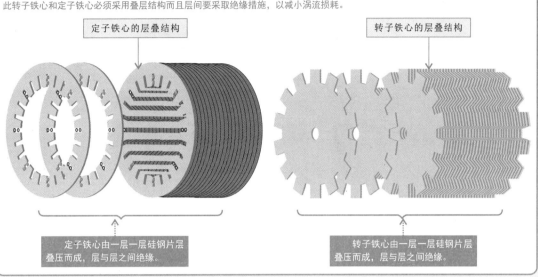

定子铁心的层叠结构

转子铁心的层叠结构

定子铁心由一层一层硅钢片层叠压而成,层与层之间绝缘。

转子铁心由一层一层硅钢片层叠压而成,层与层之间绝缘。

 2. 单相交流电动机的转子

单相交流电动机的转子是指电动机工作时发生转动的部分。目前,主要有笼型转子和绕线转子两种结构。

【单相交流电动机笼型转子的结构】

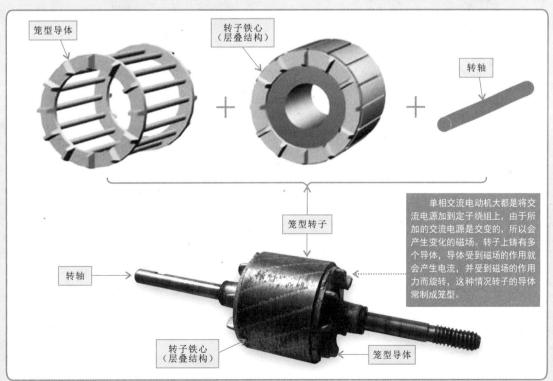

笼型导体

转子铁心
(层叠结构)

转轴

+

+

笼型转子

单相交流电动机大都是将交流电源加到定子绕组上,由于所加的交流电源是交变的,所以会产生变化的磁场。转子上铸有多个导体,导体受到磁场的作用就会产生电流,并受到磁场的作用力而旋转,这种情况转子的导体常制成笼型。

转轴

转子铁心
(层叠结构)

笼型导体

【单相交流电动机换向器型转子的结构】

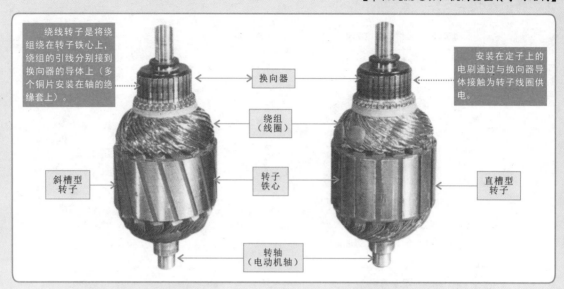

绕线转子是将绕组绕在转子铁心上，绕组的引线分别接到换向器的导体上（多个铜片安装在轴的绝缘套上）。

安装在定子上的电刷通过与换向器导体接触为转子线圈供电。

换向器

绕组（线圈）

斜槽型转子

转子铁心

直槽型转子

转轴（电动机轴）

特别提醒

单相交流电动机的结构简单、输出功率大，很多对调速性能要求不高的产品都采用了单相交流电动机作为动力源。例如，生活中常见的洗衣机、电风扇等。

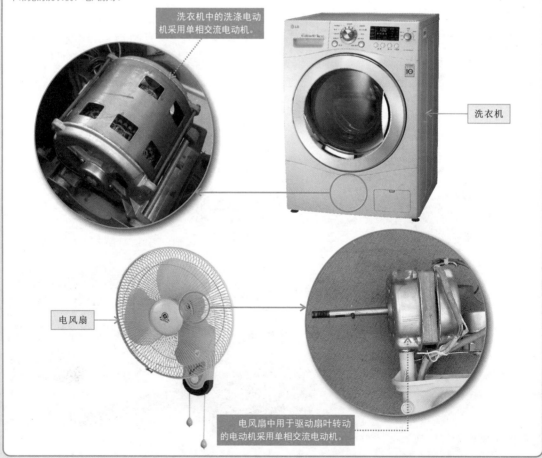

洗衣机中的洗涤电动机采用单相交流电动机。

洗衣机

电风扇

电风扇中用于驱动扇叶转动的电动机采用单相交流电动机。

3.1.2　单相交流电动机的工作原理

1. 单相交流电动机的转动原理

将多个闭环的线圈（转子绕组）交错的置于磁场中，并安装到转子铁心中，当定子磁场旋转时，转子绕组受到磁场力也会随之旋转，这就是单相交流电动机的转动原理。

【单相交流电动机的转动原理】

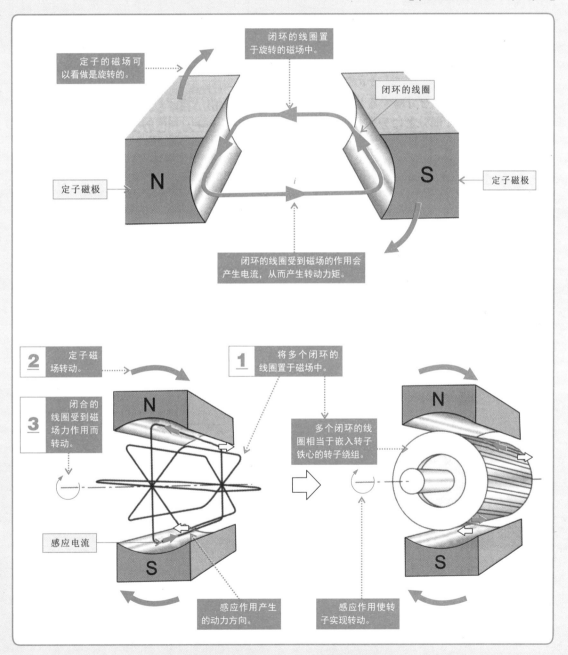

【单相交流电动机定子交变磁场的分解】

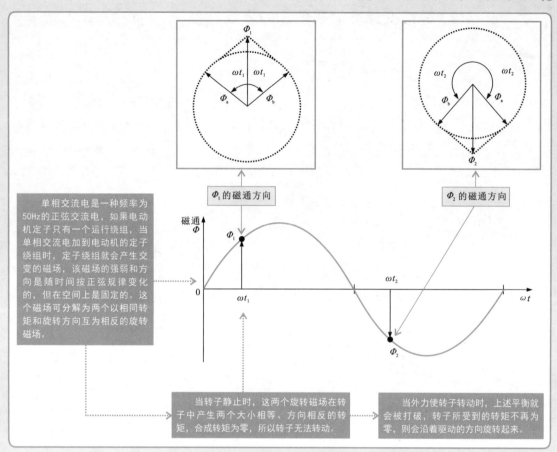

单相交流电是一种频率为50Hz的正弦交流电，如果电动机定子只有一个运行绕组，当单相交流电加到电动机的定子绕组时，定子绕组就会产生交变的磁场，该磁场的强弱和方向是随时间按正弦规律变化的，但在空间上是固定的。这个磁场可分解为两个以相同转矩和旋转方向互为相反的旋转磁场。

当转子静止时，这两个旋转磁场在转子中产生两个大小相等、方向相反的转矩，合成转矩为零，所以转子无法转动。

当外力使转子转动时，上述平衡就会被打破，转子所受到的转矩不再为零，则会沿着驱动的方向旋转起来。

【单相交流电源和单相交流电动机合成磁场的方向】

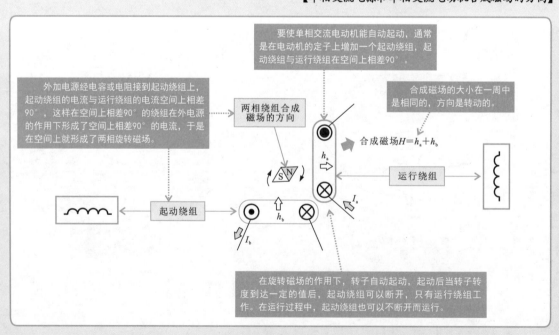

要使单相交流电动机能自动起动，通常是在电动机的定子上增加一个起动绕组，起动绕组与运行绕组在空间上相差90°。

外加电源经电容或电阻接到起动绕组上，起动绕组的电流与运行绕组的电流空间上相差90°，这样在空间上相差90°的绕组在外电源的作用下形成了空间上相差90°的电流，于是在空间上就形成了两相旋转磁场。

合成磁场的大小在一周中是相同的，方向是转动的。

在旋转磁场的作用下，转子自动起动，起动后当转子转度到达一定的值后，起动绕组可以断开，只有运行绕组工作。在运行过程中，起动绕组也可以不断开而运行。

【单相交流电源和单相交流电动机合成磁场的方向（续）】

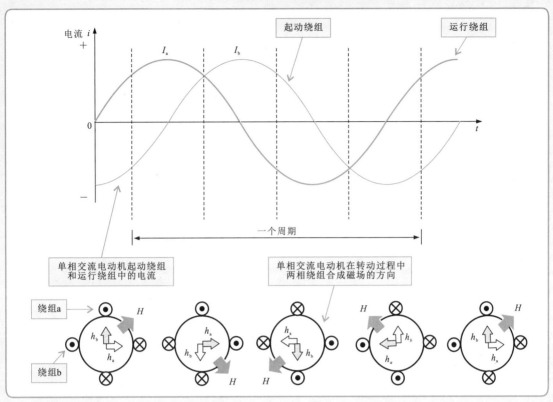

特别提醒

凸极式定子的单向异步电动机也称为单相罩极式异步电动机，该类电动机的转动原理如下。

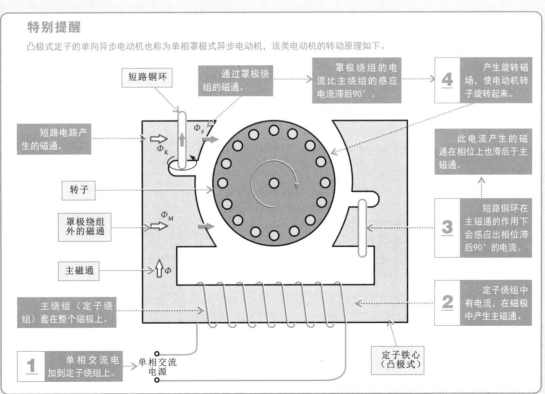

2. 单相交流电动机起动电路的工作原理

单相交流电动机起动电路有多种形式，常用的主要有电阻分相式起动；电容分相式起动；离心开关式起动；运行电容、起动电容、离心开关式起动和正反转切换式起动等。

【电阻分相式起动电路原理】

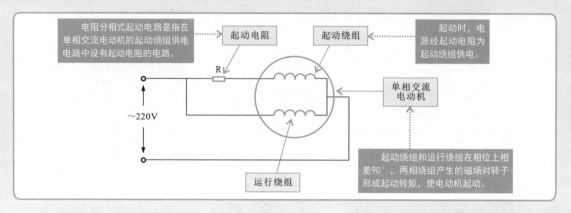

电阻分相式起动电路是指在单相交流电动机的起动绕组供电电路中设有起动电阻的电路。

起动电阻

起动绕组

起动时，电源经起动电阻为起动绕组供电。

单相交流电动机

起动绕组和运行绕组在相位上相差90°，两相绕组产生的磁场对转子形成起动转矩，使电动机起动。

运行绕组

【电容分相式起动电路原理】

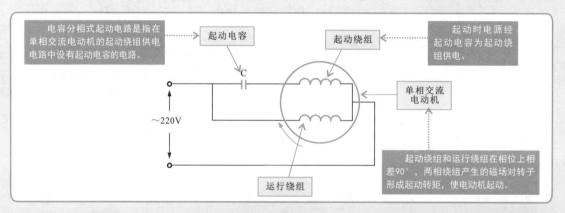

电容分相式起动电路是指在单相交流电动机的起动绕组供电电路中设有起动电容的电路。

起动电容

起动绕组

起动时电源经起动电容为起动绕组供电。

单相交流电动机

起动绕组和运行绕组在相位上相差90°，两相绕组产生的磁场对转子形成起动转矩，使电动机起动。

运行绕组

【离心开关式起动电路原理】

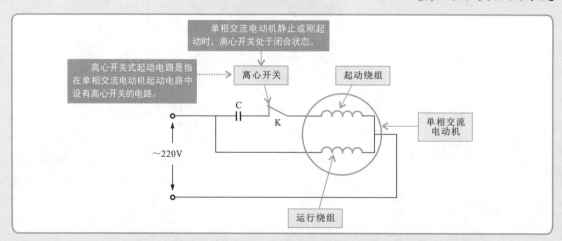

单相交流电动机静止或刚起动时，离心开关处于闭合状态。

离心开关式起动电路是指在单相交流电动机起动电路中设有离心开关的电路。

离心开关

起动绕组

单相交流电动机

运行绕组

【离心开关式起动电路原理（续）】

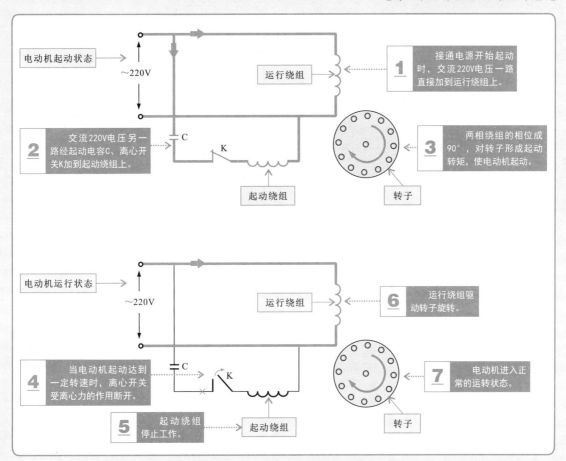

1 接通电源开始起动时，交流220V电压一路直接加到运行绕组上。

2 交流220V电压另一路经起动电容C、离心开关K加到起动绕组上。

3 两相绕组的相位成90°，对转子形成起动转矩，使电动机起动。

电动机起动状态
~220V
运行绕组
C
K
起动绕组
转子

电动机运行状态
~220V
运行绕组
C
K
起动绕组
转子

4 当电动机起动达到一定转速时，离心开关受离心力的作用断开。

5 起动绕组停止工作。

6 运行绕组驱动转子旋转。

7 电动机进入正常的运转状态。

特别提醒

　　若单相交流电动机的起动电路中未设离心开关，这种电路结构比较简单，起动电容或起动电阻在起动时起作用，在运行时也起作用，无需断开。这样还有助于提高单相交流电动机的功率因数。这种方式可用较小容量的电容，但起动性稍差。一般，在风扇电动机、洗衣机电动机等都采用这种起动方式。

【运行电容、起动电容、离心开关式起动电路原理】

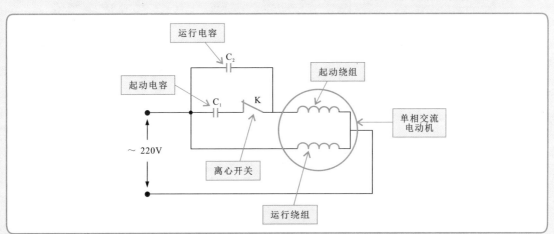

运行电容　C_2
起动电容　C_1
K
起动绕组
离心开关
~ 220V
单相交流电动机
运行绕组

【运行电容、起动电容、离心开关式起动电路原理（续）】

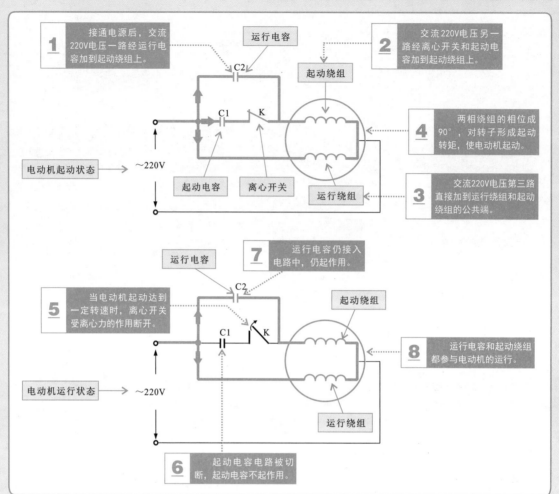

1 接通电源后，交流220V电压一路经运行电容加到起动绕组上。

运行电容

2 交流220V电压另一路经离心开关和起动电容加到起动绕组上。

起动绕组

4 两相绕组的相位成90°，对转子形成起动转矩，使电动机起动。

3 交流220V电压第三路直接加到运行绕组和起动绕组的公共端。

电动机起动状态 → ~220V

起动电容   离心开关   运行绕组

运行电容

7 运行电容仍接入电路中，仍起作用。

5 当电动机起动达到一定转速时，离心开关受离心力的作用断开。

起动绕组

8 运行电容和起动绕组都参与电动机的运行。

电动机运行状态 → ~220V

运行绕组

6 起动电容电路被切断，起动电容不起作用。

【正反转切换式起动电路原理】

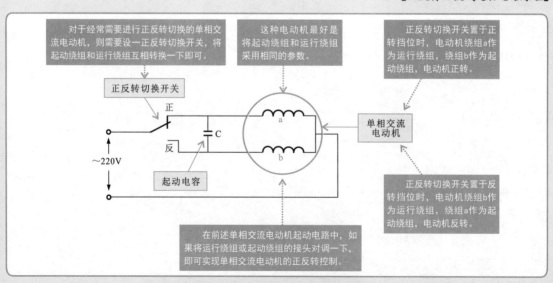

对于经常需要进行正反转切换的单相交流电动机，则需要设一正反转切换开关，将起动绕组和运行绕组互相转换一下即可。

这种电动机最好是将起动绕组和运行绕组采用相同的参数。

正反转切换开关置于正转挡位时，电动机绕组a作为运行绕组，绕组b作为起动绕组，电动机正转。

正反转切换开关

正
反

~220V

起动电容

单相交流电动机

正反转切换开关置于反转挡位时，电动机绕组b作为运行绕组，绕组a作为起动绕组，电动机反转。

在前述单相交流电动机起动电路中，如果将运行绕组或起动绕组的接头对调一下，即可实现单相交流电动机的正反转控制。

3.2 三相交流电动机的结构和工作原理

3.2.1　三相交流电动机的结构

　　三相交流电动机是指具有三相绕组，并由三相交流电源供电的电动机。该电动机的转矩较大、效率较高，多用于大功率动力设备中。

【三相交流电动机的结构】

轴承　　转子铁心　　接线盒　　风扇　　端盖　　外壳　　转轴　　定子铁心　　定子绕组

三相交流电动机内部结构

端盖　　定子安装在外壳内。　　外壳　　转子部分　　端盖　　风扇罩

接线盒　　轴承　　风扇

三相交流电动机整机分解图

1. 三相交流电动机的定子

　　三相交流电动机的定子主要由定子绕组、定子铁心和外壳部分构成。其中定子绕组有3组，分别对应于三相电源，每个绕组包括若干线圈，对称的嵌在定子铁心的槽中；而定子铁心是由0.35～0.5mm厚表面涂有绝缘漆的薄硅钢片叠压而成，由于硅钢片较薄而且片与片之间是绝缘的，所以减少了由于交变磁通通过而引起的铁心涡流损耗。

【三相交流电动机定子的结构】

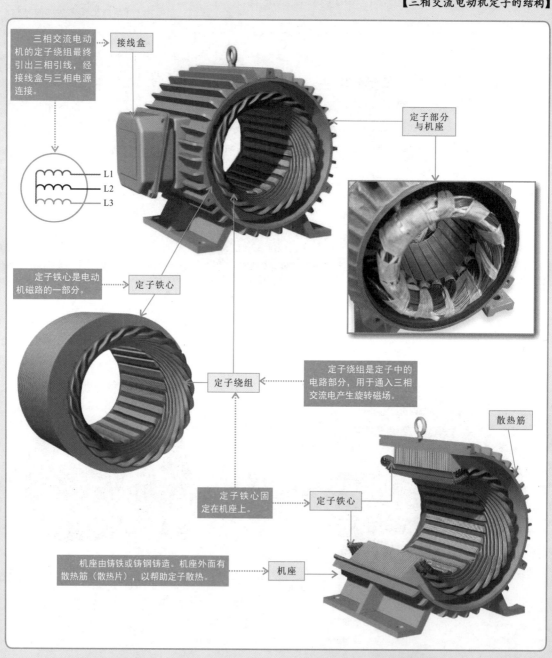

三相交流电动机的定子绕组最终引出三相引线，经接线盒与三相电源连接。

接线盒

L1
L2
L3

定子部分与机座

定子铁心是电动机磁路的一部分。

定子铁心

定子绕组

定子绕组是定子中的电路部分，用于通入三相交流电产生旋转磁场。

散热筋

定子铁心固定在机座上。

定子铁心

机座由铸铁或铸钢铸造。机座外面有散热筋（散热片），以帮助定子散热。

机座

特别提醒

三相交流电动机内三相绕组的联结方式有两种：一种是采用星形联结，又称为Y联结；另一种是三角形联结，又称为△联结。三相绕组引出后经接线盒与三相电源联结。

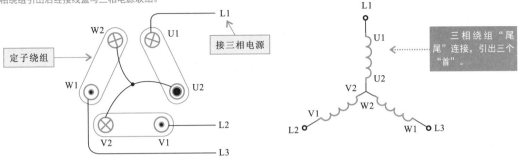

a）定子绕组的星形(Y)联结

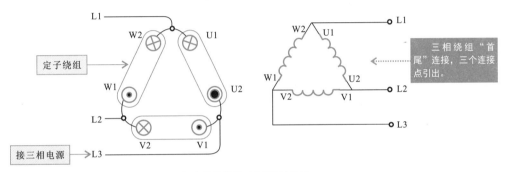

b）定子绕组的三角形(△)联结

三相交流电动机按定子绕组的连接方式分为星形联结和三角形联结，这两种不同连接方式的电动机各相绕组上所承受的电压是不同的：交流电源供电电压为三相380V时，电动机绕组按三角形联结，则每相绕组所承受的电压为380V；如电动机绕组按星形联结，则每相绕组所承受的电压为220V（电源电压的1/3）。因而星形联结绕组电流会减小，电动机的功率也会减小。在电源供电电压不变的情况（三相380V）下，同一台电动机采用三角形联结时，其功率是采用星形联结的3倍。

在实际应用中，电动机绕组的连接方式需要根据其铭牌进行连接。例如，如果电动机铭牌上为220/380V（△/Y），它表示当电源为220V（三相）时，电动机应为三角形联结；当电源电压为380V时，电动机应为星形联结。一般情况下，3kW以下的电动机多采用星形联结；3kW以上（包括3kW）的电动机多采用三角形联结。

另外，这两种连接方式中，在电源断相时的状态不相同。其中，星形联结：当电源断一相（如L3）时，可见绕组U和W串联后接在相线L1、L2之间，两个绕组中都有电流，但两个电流不仅数值相等而且相位相同，显然定子电流不满足相位条件，则不能自动起动。三角形联结：当电源断一相（如L3）时，这时绕组W1W2与V1V2串联后再与绕组U1U2并联组成的混联电路，三相绕组中都有电流，但三个电流相位相同，则电流不满足相位条件，即不能自动起动。断相起动时定子电流很大，如果不及时切断电源，电动机将立即烧毁。

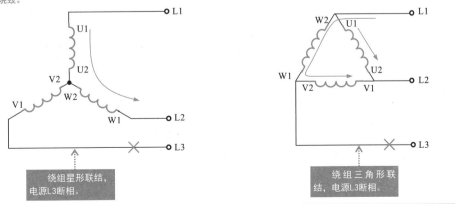

2. 三相交流电动机的转子

转子是三相交流电动机的旋转部分，通过感应电动机定子形成的旋转磁场，产生感应转矩而转动。三相交流电动机的转子有两种结构形式，即笼型和绕线转子。

【三相交流电动机笼型转子的结构】

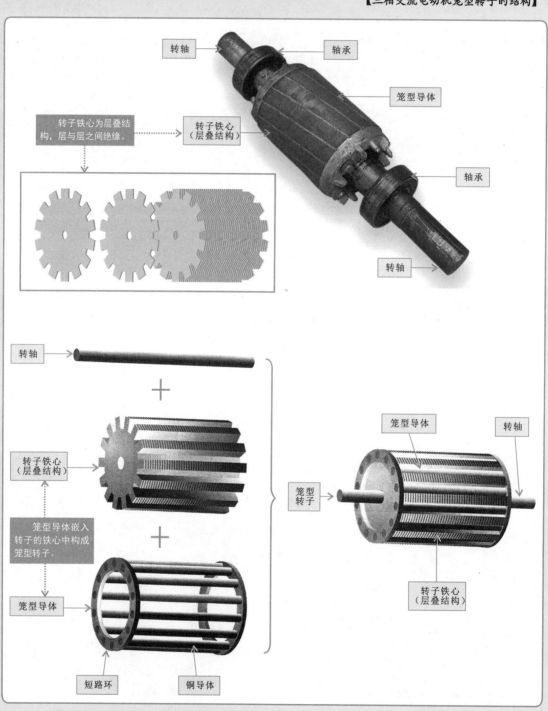

【三相交流电动机绕线转子的结构】

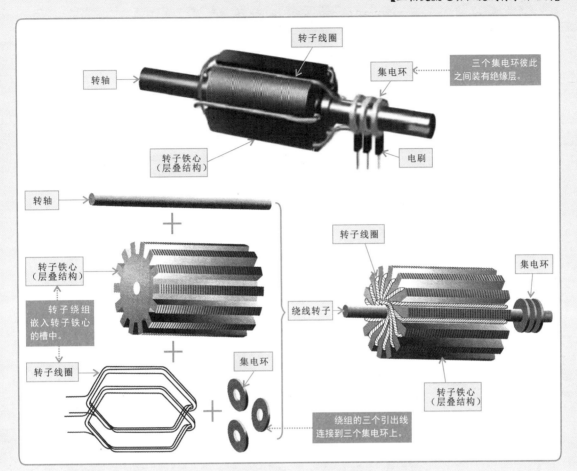

转子线圈

转轴

集电环

三个集电环彼此之间装有绝缘层。

电刷

转子铁心（层叠结构）

转轴

转子铁心（层叠结构）

转子绕组嵌入转子铁心的槽中。

转子线圈

集电环

绕组的三个引出线连接到三个集电环上。

转子线圈

集电环

绕线转子

转子铁心（层叠结构）

特别提醒

　　三相笼型电动机的转子线圈采用嵌入式导电条，其形如鼠笼，这种电动机结构简单，而且可靠耐用，工作效率较高，主要应用于水泵、机床、电梯等动力设备中。而三相绕线转子电动机的转子线圈采用绕线方式，可以通过集电环和电刷为转子线圈供电，通过外接可变电阻器就可方便地实现速度调节，因此其一般应用于要求有一定调速范围、调速性能好的生产机械中，如起重机、卷扬机等。

三相笼型电动机在铁丝织网机床设备中的应用。

三相绕线转子电动机在起重机中的应用。

3.2.2 三相交流电动机的工作原理

1. 三相交流电动机的转动原理

三相交流电动机是由转子和定子两部分构成的。定子的结构是圆筒形的，套在转子的外部；电动机的转子是圆柱形的，位于定子的内部。三相交流电源加到定子绕组上，由定子绕组产生的旋转磁场使转子旋转。

【三相交流电动机的转动原理】

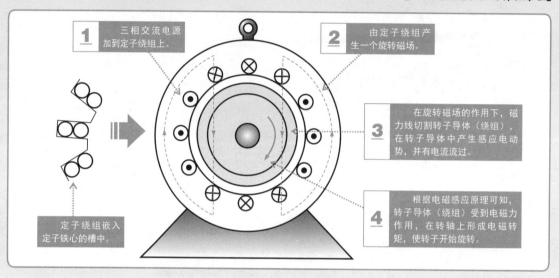

2. 三相交流电动机定子磁场的形成过程

三相交流电动机需要三相交流电源为其提供工作条件，而满足工作条件后三相交流电动机的转子之所以会旋转且实现能量转换，是因为转子气隙内有一个沿定子内圆旋转的磁场。

【三相交流电的相位关系】

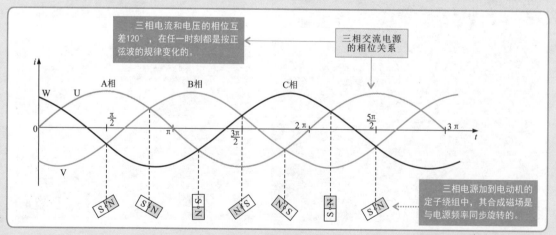

【三相交流电动机旋转磁场的形成过程】

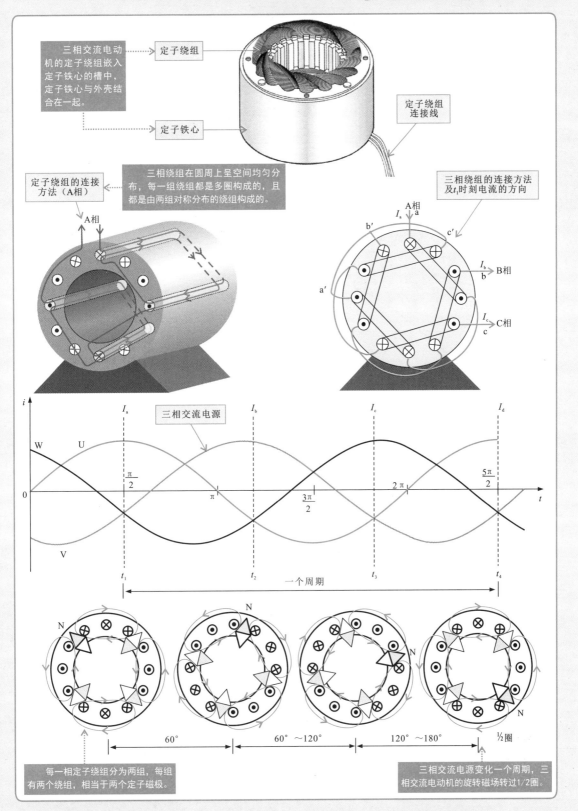

三相交流电动机的定子绕组嵌入定子铁心的槽中，定子铁心与外壳结合在一起。

定子绕组

定子铁心

定子绕组连接线

三相绕组在圆周上呈空间均匀分布，每一组绕组都是多圈构成的，且都是由两组对称分布的绕组构成的。

定子绕组的连接方法（A相）

A相

三相绕组的连接方法及t_1时刻电流的方向

三相交流电源

一个周期

每一相定子绕组分为两组，每组有两个绕组，相当于两个定子磁极。

三相交流电源变化一个周期，三相交流电动机的旋转磁场转过1/2圈。

【三相交流电动机合成磁场的方向】

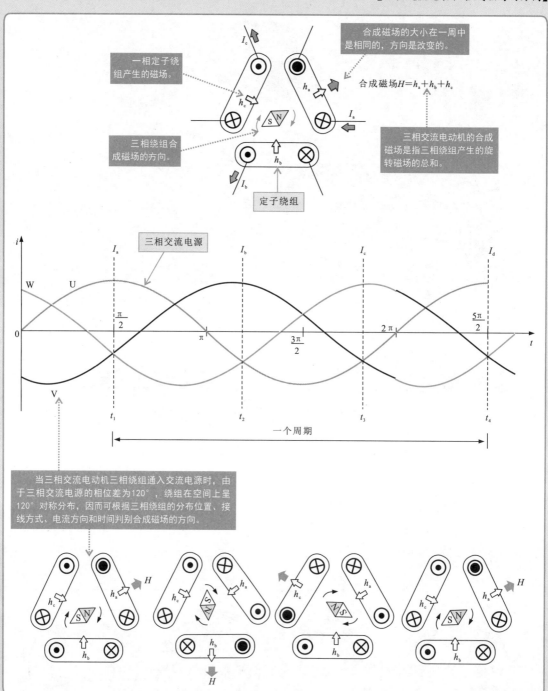

合成磁场的大小在一周中是相同的，方向是改变的。

一相定子绕组产生的磁场。

合成磁场$H=h_a+h_b+h_c$

三相绕组合成磁场的方向。

三相交流电动机的合成磁场是指三相绕组产生的旋转磁场的总和。

定子绕组

三相交流电源

当三相交流电动机三相绕组通入交流电源时，由于三相交流电源的相位差为120°，绕组在空间上呈120°对称分布，因而可根据三相绕组的分布位置、接线方式、电流方向和时间判别合成磁场的方向。

特别提醒

在三相交流异步电动机中，由定子绕组所形成的旋转磁场作用于转子，使转子跟随磁场旋转，转子的转速滞后于磁场，因而其转速低于磁场的转速。如果转速增加到旋转磁场的转速，则转子导体与旋转磁场间的相对运动消失，转子中的电磁转矩等于0。转子的实际转速n总是小于旋转磁场的同步转速n_0，它们之间有一个转速差，反映了转子导体切割磁力线的快慢程度，常用转速差（n_0-n）与旋转磁场同步转速n_0的比值来表示异步电动机的性能，称为转差率，通常用s表示，即$s=(n_0-n)/n_0$。

3.3 交流同步电动机的结构和工作原理

第3章

3.3.1 交流同步电动机的结构

交流同步电动机是指转动速度与供电电源频率同步的电动机。这种电动机工作在电源频率恒定的条件下，其转速也恒定不变，与负载无关。

交流同步电动机在结构上有两种，即转子用直流电驱动励磁的同步电动机和转子不需要励磁的同步电动机。

【转子用直流电驱动励磁的同步电动机结构】

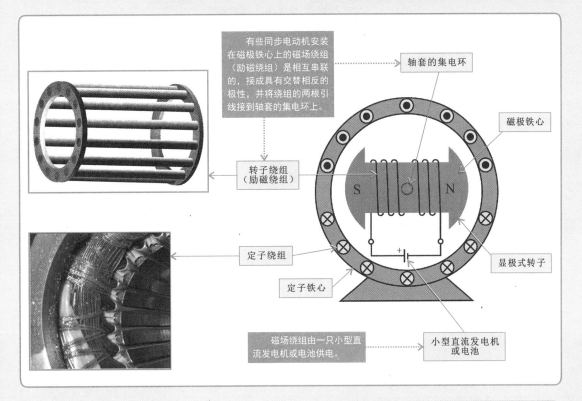

特别提醒

在很多实用场合，将直流发电机安装在电动机的轴上，用直流发电机为电动机转子提供励磁电流。由于这种同步电动机不能自动起动，因而在转子上还装有笼型绕组而作为电动机起动之用，笼型绕组放在转子周围，其结构与异步电动机的结构相似。

当给定子绕组上输入三相交流电源时，电动机内就产生了旋转磁场，笼型绕组切割磁力线而产生感应电流，从而使电动机旋转起来。电动机旋转之后，其速度慢慢上升，当接近旋转磁场的速度但低于该速度，此时转子绕组开始由直流供电，来进行励磁，使转子形成一定的磁极，转子磁极会跟踪定子的旋转磁极，这样使转子的转速跟踪定子的旋转磁场，从而达到同步运转。

特别提醒

同步电动机的转子转速 $n=60\,f/p$（f 为电源频率，p 为电动机中磁极的对数）。如果磁极对数为1，电源的频率为50Hz，则电动机的转速为 $60\times50/1$r/min$=3000$r/min。如果磁极对数为2，则转速为 $60\times50/2$r/min$=1500$r/min。

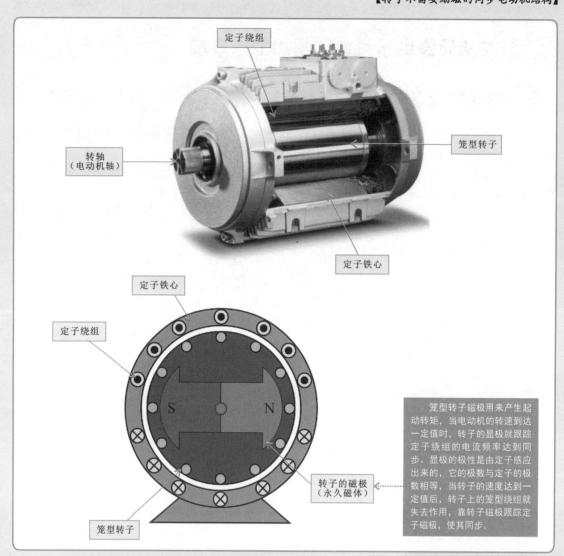

定子绕组

笼型转子

转轴
（电动机轴）

定子铁心

定子铁心

定子绕组

S　N

转子的磁极
（永久磁体）

笼型转子

笼型转子磁极用来产生起动转矩，当电动机的转速到达一定值时，转子的显极就跟踪定子绕组的电流频率达到同步。显极的极性是由定子感应出来的，它的极数与定子的极数相等，当转子的速度达到一定值后，转子上的笼型绕组就失去作用，靠转子磁极跟踪定子磁极，使其同步。

特别提醒

交流同步电动机具有运行稳定性较高、过载能力较强等特点，因此适用于要求转速稳定的环境，如多机同步传动系统、精密调速和稳速系统，及要求转速稳定的电子设备中。

微波炉

微波炉中的单相同步交流电动机

3.3.2 交流同步电动机的工作原理

如果电动机的转子是一个永磁体,具有N、S磁极,当该转子置于定子磁场中时,定子磁场的磁极N吸引转子磁极S,定子磁极S吸引转子磁极N。如果此时使定子磁极转动时,则由于磁力的作用,转子也会随之转动。

【交流同步电动机的转动原理】

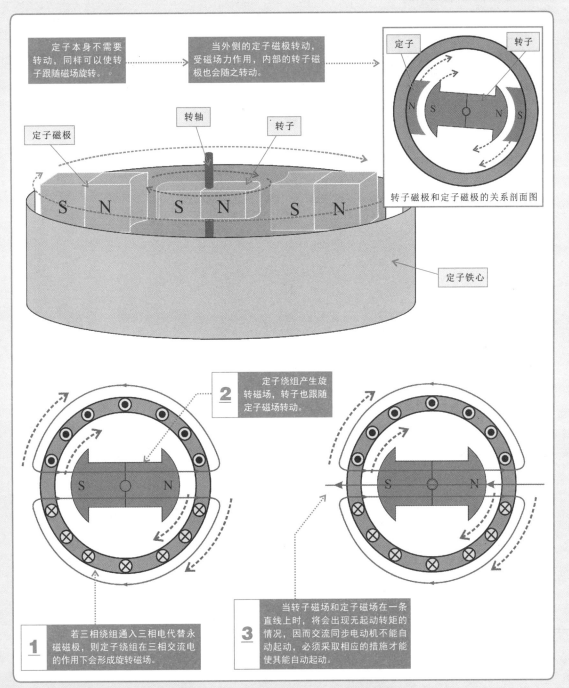

定子本身不需要转动,同样可以使转子跟随磁场旋转。

当外侧的定子磁极转动,受磁场力作用,内部的转子磁极也会随之转动。

定子
转子

转轴

转子

定子磁极

转子磁极和定子磁极的关系剖面图

定子铁心

2 定子绕组产生旋转磁场,转子也跟随定子磁场转动。

1 若三相绕组通入三相电代替永磁磁极,则定子绕组在三相交流电的作用下会形成旋转磁场。

3 当转子磁场和定子磁场在一条直线上时,将会出现无起动转矩的情况,因而交流同步电动机不能自动起动,必须采取相应的措施才能使其能自动起动。

第4章　电动机的检修材料和检修工具

4.1
电动机常用拆装工具的特点和用法

在电动机维修操作中，经常需要借助一些拆装工具对电动机进行拆卸和安装操作，其中最常使用的拆装工具有螺钉旋具、钳子、扳手、锤子、绕线机、压线板、刮板等。

4.1.1　螺钉旋具的特点和用法

在电动机维修操作中，螺钉旋具是用来紧固和拆卸螺钉的工具。它主要是由螺钉旋具刀头与手柄构成的，常用的螺钉旋具主要有一字槽螺钉旋具和十字槽螺钉旋具两种。

【螺钉旋具的实物外形】

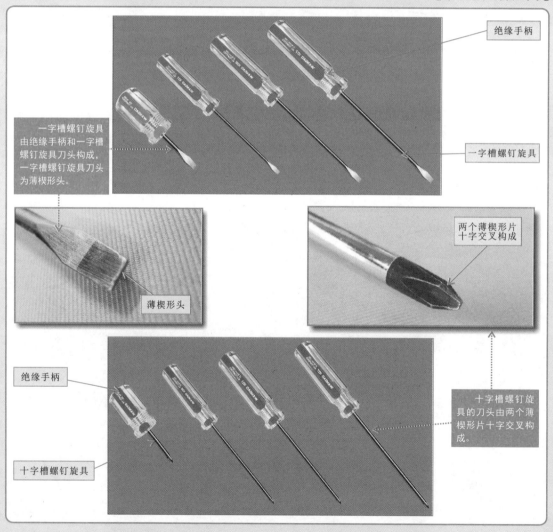

使用一字槽螺钉旋具或十字槽螺钉旋具对螺钉进行紧固和拆卸时，首先选择合适刀口的螺钉旋具，然后将刀口对准螺钉螺口，在压紧的同时，旋动螺钉旋具手柄即可实现螺钉的紧固和拆卸，一般情况下，紧固螺钉时，顺时针拧动螺钉旋具手柄；拆卸螺钉时，逆时针拧动螺钉旋具手柄。另外，一字槽螺钉旋具除紧固和拆卸螺钉外，撬动卡扣或紧固件也是检修电动机时经常进行的操作。

【螺钉旋具的使用方法】

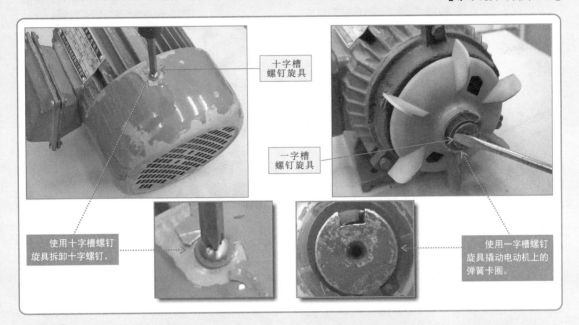

十字槽螺钉旋具

一字槽螺钉旋具

使用十字槽螺钉旋具拆卸十字螺钉。

使用一字槽螺钉旋具撬动电动机上的弹簧卡圈。

4.1.2 扳手的特点和用法

在电动机维修中，扳手是用于紧固和拆卸螺栓或螺母的工具。常用的扳手主要有活扳手、呆扳手和梅花棘轮扳手。

【扳手的实物外形】

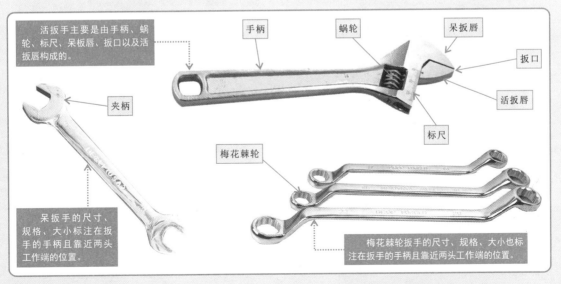

活扳手主要是由手柄、蜗轮、标尺、呆板唇、扳口以及活扳唇构成的。

手柄

蜗轮

呆扳唇

扳口

活扳唇

标尺

夹柄

梅花棘轮

呆扳手的尺寸、规格、大小标注在扳手的手柄且靠近两头工作端的位置。

梅花棘轮扳手的尺寸、规格、大小也标注在扳手的手柄且靠近两头工作端的位置。

　　不同类型的扳手，使用方法也不相同，例如：活扳手的开口宽度可在一定尺寸范围内随意自行调节，以适应不同规格的螺栓或螺母；呆扳手只能用于与其卡口相对应的螺栓或螺母；梅花棘轮扳手的两端通常带有环形的六角孔或十二角孔的工作端，适于工作空间狭小的场合，使用较为灵敏。

【活扳手的使用方法】

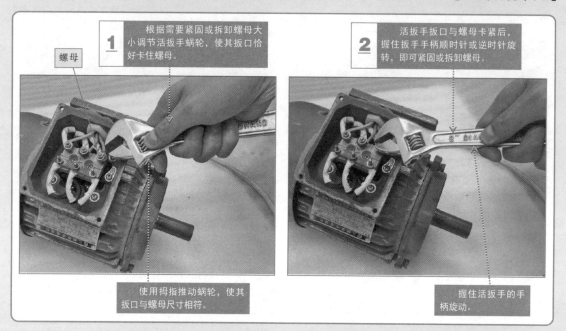

1 根据需要紧固或拆卸螺母大小调节活扳手蜗轮，使其扳口恰好卡住螺母。

螺母

使用拇指推动蜗轮，使其扳口与螺母尺寸相符。

2 活扳手扳口与螺母卡紧后，握住扳手手柄顺时针或逆时针旋转，即可紧固或拆卸螺母。

握住活扳手的手柄旋动。

【呆扳手的使用方法】

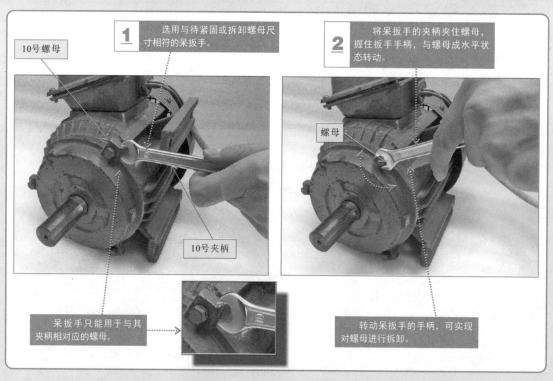

1 选用与待紧固或拆卸螺母尺寸相符的呆扳手。

10号螺母

10号夹柄

呆扳手只能用于与其夹柄相对应的螺母。

2 将呆扳手的夹柄夹住螺母，握住扳手手柄，与螺母成水平状态转动。

螺母

转动呆扳手的手柄，可实现对螺母进行拆卸。

【梅花棘轮扳手的使用方法】

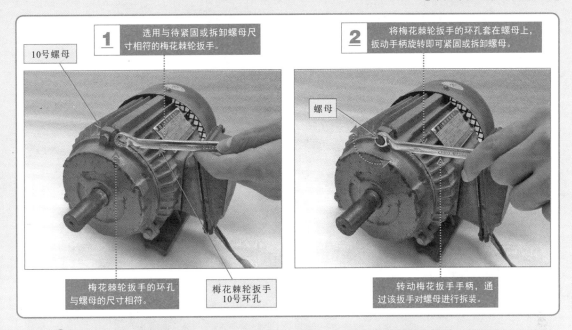

1 选用与待紧固或拆卸螺母尺寸相符的梅花棘轮扳手。

10号螺母

梅花棘轮扳手的环孔与螺母的尺寸相符。

梅花棘轮扳手10号环孔

2 将梅花棘轮扳手的环孔套在螺母上，扳动手柄旋转即可紧固或拆卸螺母。

螺母

转动梅花扳手手柄，通过该扳手对螺母进行拆装。

 4.1.3　钳子的特点和用法

在电动机维修过程中，钳子在电动机引线或绕组的连接、弯制、剪切以及紧固件的夹持等场合都有广泛的应用。钳子主要由钳头和钳柄两部分构成。根据钳头的设计和功能上的区别，在电动机维修过程中的钳子主要有钢丝钳、斜口钳、尖嘴钳、剥线钳等。

【钳子的实物外形】

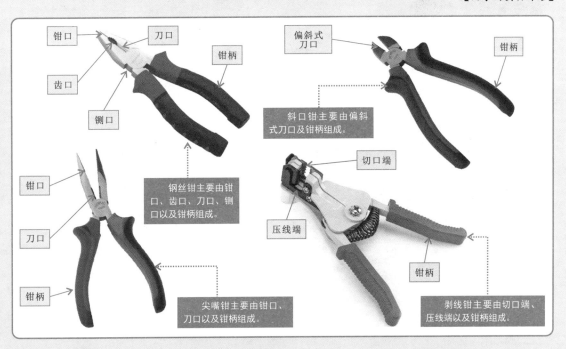

钳口　刀口

钳柄

齿口

锏口

偏斜式刀口

钳柄

斜口钳主要由偏斜式刀口及钳柄组成。

钢丝钳主要由钳口、齿口、刀口、锏口以及钳柄组成。

钳口

刀口

钳柄

尖嘴钳主要由钳口、刀口以及钳柄组成。

切口端

压线端

钳柄

剥线钳主要由切口端、压线端以及钳柄组成。

不同类型钳子有其特定的适用场合和使用特点,例如,钢丝钳一般用于弯绞、修剪导线;斜口钳主要用于线缆绝缘皮的剥削或线缆的剪切等操作;尖嘴钳可以在较小的空间中进行夹持、弯制导线等操作;剥线钳则多用来剥除电线、电缆的绝缘层等操作。

【钳子的使用方法】

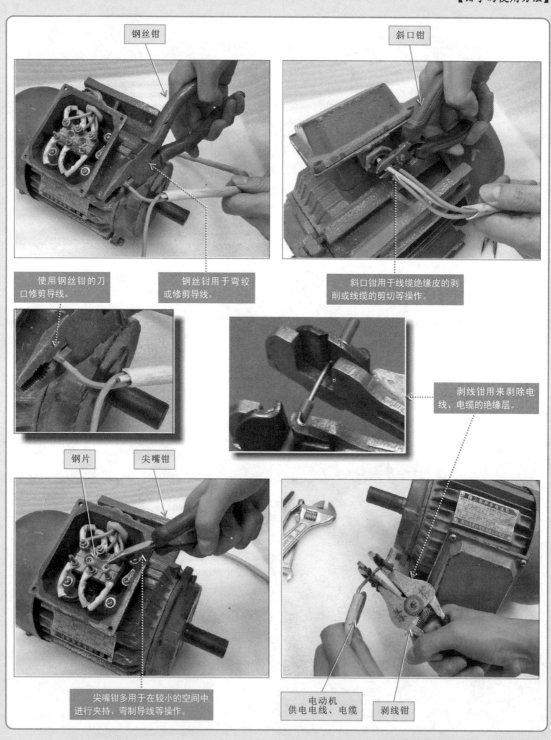

钢丝钳

斜口钳

使用钢丝钳的刀口修剪导线。

钢丝钳用于弯绞或修剪导线。

斜口钳用于线缆绝缘皮的剥削或线缆的剪切等操作。

剥线钳用来剥除电线、电缆的绝缘层。

钢片　尖嘴钳

尖嘴钳多用于在较小的空间中进行夹持、弯制导线等操作。

电动机供电电线、电缆　剥线钳

4.1.4　锤子和錾子的特点和用法

　　锤子和錾子在电动机维修过程中是较为常用的手工拆卸工具，一般配合使用。为适应不同的需求，锤子和錾子都有很多种规格，具体应用时可根据实际需要自行选择适合的工具进行操作。

【锤子和錾子的实物外形】

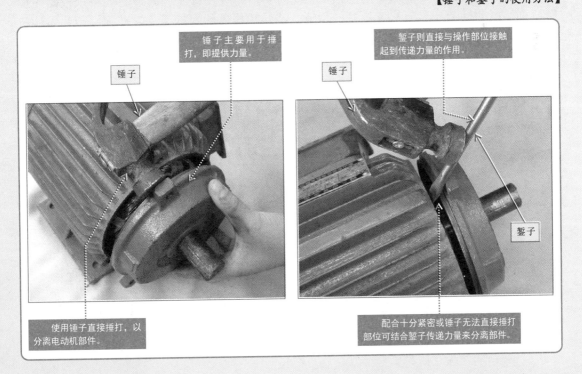

羊角头可用来拔除钉子等。

锤子主要是由锤头、锤柄以及羊角头构成的。

不同规格的錾子

羊角头

锤头

锤头

锤柄

　　对电动机紧固程度较高的部位进行拆卸时，多使用锤子和錾子作为辅助工具。例如，在拆卸电动机端盖时，由于端盖与轴承之间连接紧密，所以无法直接用手的力量分离，此时可借助锤子和錾子进行操作。

【锤子和錾子的使用方法】

锤子主要用于捶打，即提供力量。

錾子则直接与操作部位接触起到传递力量的作用。

锤子

锤子

錾子

使用锤子直接捶打，以分离电动机部件。

配合十分紧密或锤子无法直接捶打部位可结合錾子传递力量来分离部件。

4.1.5 顶拔器和喷灯的特点和用法

　　在电动机维修操作中，顶拔器是经常用到的拆卸工具，一般用于拆卸电动机轴承、轴承联轴器和带轮等部件；喷灯是一种利用汽油或煤油做燃料的加热工具，常用于对部件进行局部加热，可辅助顶拔器对电动机中配合很紧的联轴器或轴承进行拆卸。

【顶拔器和喷灯的实物外形】

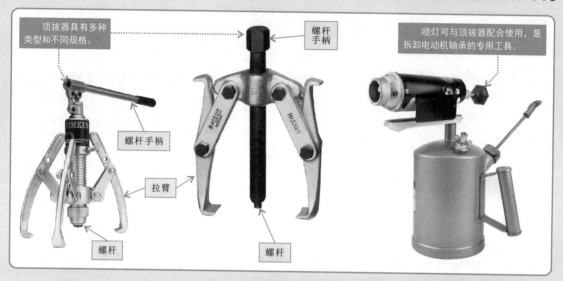

　　在维修电动机过程中，轴承部分的拆卸和检修是十分重要的环节，且为确保轴承拆下后还能够使用，需要借助专用的顶拔器进行拆卸。使用该工具时，首先将顶拔器的拉臂放到待拆的轴承处，调整好拉臂的位置，旋转顶拔器的螺杆手柄，使螺杆顶住电动机轴中心，然后，继续旋转螺杆手柄即可将轴承拆下。若拆卸过程过于费力，可借助喷灯对轴承进行加热，使其膨胀，再用顶拔器进行拆卸。

【顶拔器和喷灯的使用方法】

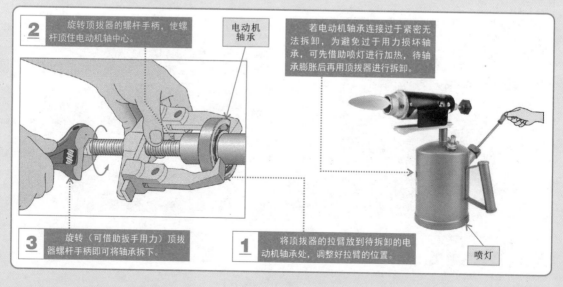

4.1.6 绕线机的特点和用法

绕线机是用于绕制电动机绕组的设备。当电动机定子或转子绕组损坏且需要重新绕制和装配时，就需要借助绕线机完成。目前，常见的电动机绕组绕线机主要有手摇式和数控自动式两种。

【绕线机的实物外形】

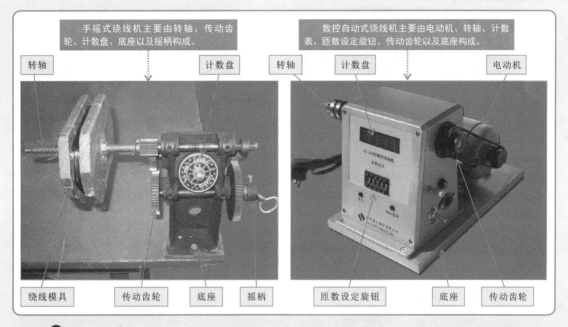

手摇式绕线机主要由转轴、传动齿轮、计数盘、底座以及摇柄构成。

数控自动式绕线机主要由电动机、转轴、计数表、匝数设定旋钮、传动齿轮以及底座构成。

转轴　计数盘　转轴　计数盘　电动机

绕线模具　传动齿轮　底座　摇柄　匝数设定旋钮　底座　传动齿轮

4.1.7 压线板和刮板的特点和用法

压线板和刮板是电动机绕组装配时常用的辅助工具。其中，压线板用于压紧嵌入电动机铁心槽内的绕组边缘，对绕组进行平整；刮板用于在绕组装配时整理导线和划线时将导线划入铁心槽内。

【压线板和刮板的实物外形】

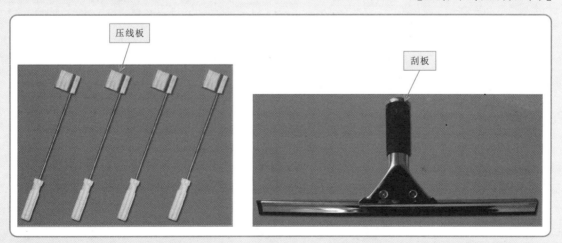

压线板　刮板

4.2
电动机常用检测仪表的特点和用法

 第4章

在电动机维修操作中，电动机各项电气性能都需要借助一些检测仪表进行测量和判断，其中最常使用的检测仪表主要有万用表、钳形电流表、绝缘电阻表、转速表、相序仪、万用电桥、指示表、测微仪等。

 4.2.1 万用表的特点和用法

万用表是电动机维修操作中最常用的检测仪表之一。万用表是一种多功能、多量程的便携式仪表，可以用来检测直流电流、交流电流、直流电压、交流电压及电阻值等电气参数。目前，常用的万用表主要有指针式万用表和数字式万用表两种。

【万用表的实物外形】

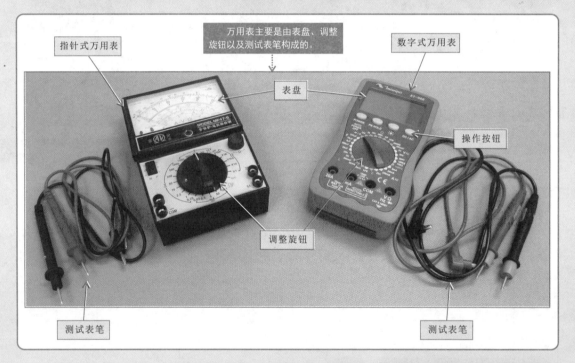

指针式万用表

万用表主要是由表盘、调整旋钮以及测试表笔构成的。

数字式万用表

表盘

操作按钮

调整旋钮

测试表笔

测试表笔

特别提醒

在对电动机进行维修时，可根据使用环境与被测对象选用适当的万用表，通常使用指针式万用表在检测时，可通过指针式万用表的指针指向对检测的数值进行读取；而使用数字式万用表检测时，可通过显示屏显示的数值进行直接读取。

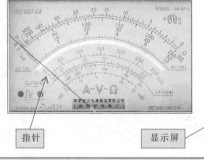

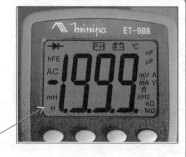

指针

显示屏

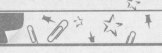

使用万用表检测电动机时，应先根据被测的参数调整相应的挡位和量程，然后通过表盘对所测数据进行读取，并通过所测的数值判断电动机是否正常。

下面以指针式万用表检测电动机绕组阻值为例，了解一下万用表的使用方法。

【万用表的使用方法】

1 将万用表的红、黑表笔分别插到万用表的正极性"＋"和负极性"－"插孔中。

2 使用螺钉旋具微调表头校正钮，使指针指向左侧"0"标度位。

3 根据测量目的，使调整旋钮指向适当的位置，如将该旋钮指向电阻测量挡，由于电动机绕组阻值较小，所以选择"×1"欧姆挡。

4 选择好挡位及量程后，将红、黑两表笔短接，调整调零旋钮，使指针式万用表的指针指在0Ω的位置。

5 将指针式万用表的红、黑表笔分别搭接在待测电动机绕组引出线两端，开始测量。根据指针指示位置读出当前测量结果。

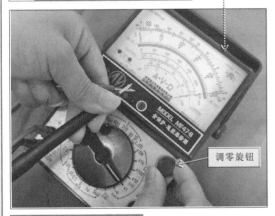

调零旋钮

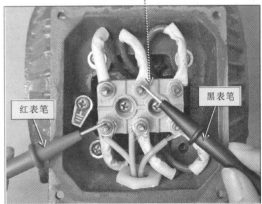

红表笔

黑表笔

在使用指针式万用表检测时，若所测参数为电阻值，则除了读取表盘数值外，还要结合调整旋钮位置。例如，若量程旋钮置于"×10"欧姆挡，实测时指针指示数值为5.6，则实际结果5.6×10Ω=56Ω；若量程旋钮置于"×100"欧姆挡，则实际结果为：5.6×100Ω=560Ω，以此类推。

若所测对象参数为电流或电压，则直接读取表盘相应标度线上的数值即可，无需再乘以倍数。

6 根据指针指示识读测量结果：测量参数值为电阻值，因此选择电阻刻度读数，即选择最上一行的标度线，从右向左开始读数，数值为"4"，结合万用表量程旋钮位置，实测结果为4×1Ω=4Ω。

4.2.2 钳形电流表的特点和用法

钳形电流表是主要用于测量大功率或高压设备交流电流的检测仪表。通常它也附有检测电压和电阻等功能，在电动机维修中可以用于检测电动机或控制电路工作时的电压与电流。

【钳形电流表的实物外形】

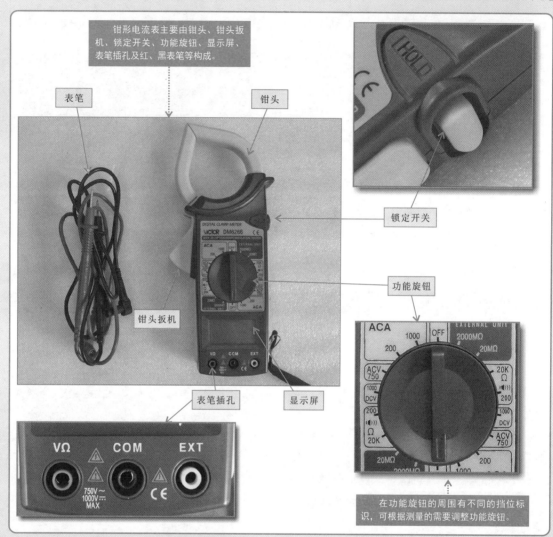

特别提醒

1) 钳头和钳头扳机：用于控制钳头部分开启和闭合的工具。钳头是一个电流互感器的二次绕组，被测导线穿入钳头时，导线的电流会感应钳头的绕组电流，绕组输出的电压与导线的电流成正比，经表内电路的处理，即可显示被测电流。

2) 锁定开关：用于锁定显示屏上显示的数据，方便在空间较小或黑暗的地方锁定检测数值，便于识读；若需要继续进行检测，则再次按下锁定开关解除锁定功能。

3) 功能旋钮：用于控制钳形电流表的测量挡位。当需要检测的数据不同时，只需要将功能旋钮旋转至对应的挡位即可。

4) 表笔和插孔的配合可用于普通电压、电阻等的测量。

　　钳形电流表的使用方法比较简单，特别是在用钳形电流表检测电流时，不需要断开电路，即可通过钳形电流表对导线的感应电流进行测量。

【钳形电流表的使用方法】

1 根据测量目的确定功能旋钮的位置，可选择"200"交流电流挡。

2 按下钳头扳机，打开钳形电流表钳头。

3 将钳口套在所测线路其中的一根供电导线上，这里要测量电动机的供电电流，钳住其中一根供电引线即可。

4 待检测数值稳定后按下锁定开关，读取电动机供电电流数值为3.5A。

特别提醒

　　钳形电流表在进行电流检测时，可直接通过钳头进行测量，主要是因为钳形电流表检测交流电流的原理建立在电流互感器工作原理的基础上。当按下钳形电流表钳头扳机时，钳头铁心张开，被测导线进入钳口内作为电流互感器的一次绕组，在钳头内部的二次绕组均匀地缠绕在圆形铁心上，导线通过交流电时产生的交变磁通，使二次绕组感应产生按比例减小的感应电流。

钳头内的绕组相当于电流互感器的二次绕组。

导线相当于电流互感器的一次绕组。

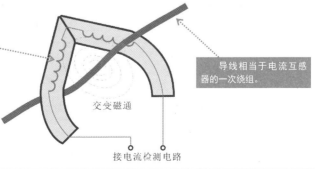

交变磁通

接电流检测电路

　　值得注意的是，在使用钳形电流表带电测量时不可转换量程，否则会损坏钳形电流表。另外，测量电流时，钳口内只能有一根导线，如果钳口中同时有多条线缆，将无法得到准确的结果。

4.2.3 绝缘电阻表的特点和用法

绝缘电阻表主要用于检测电动机的绝缘电阻，以判断电动机电气部分的绝缘性能，从而判断电动机的状态，有效地避免发生触电伤亡及设备损坏等事故，是维修电动机过程中不可缺少的测量仪表之一。

【绝缘电阻表的实物外形】

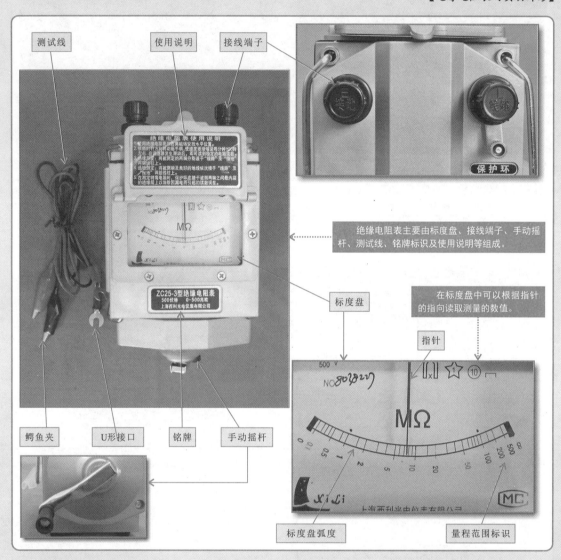

特别提醒

1）标度盘：绝缘电阻表以指针指示的方式指示出测量结果，测量者可根据指针在标度线上的指示位置即可读出当前测量的具体数值。

2）接线端子：用于与测试线进行连接，通过测试线与待测设备进行连接，对其绝缘阻值进行检测。

3）手动摇杆：手动摇杆与内部的发电机相连，当顺时针摇动摇杆时，绝缘电阻表中的小型发电机开始发电，为检测电路提供高压。

4）测试线：分为红色测试线和黑色测试线，用于连接手摇式绝缘电阻表和待测设备。

5）铭牌标识和使用说明：位于上盖处，可以通过铭牌标识和使用说明对手摇式绝缘电阻表有所了解。

使用绝缘电阻表检测绝缘电阻的方法相对比较简单。首先连接好测试线后，将测试线端头的鳄鱼夹夹在待测设备上即可。

【绝缘电阻表的使用方法】

1 拧松绝缘电阻表的连接端子。

2 将红测试线U形接口连接到绝缘电阻表的线路检测端子L上。

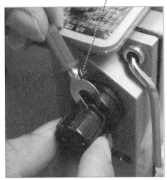

3 将黑测试线U形接口连接到绝缘电阻表的接地检测端子E上。

4 测量前，需对绝缘电阻表进行开路测试，顺时针摇动摇杆，指针应指示无穷大。

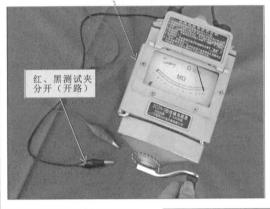

红、黑测试夹分开（开路）

5 测量前，需对绝缘电阻表进行短路测试，顺时针摇动摇杆，指针应指示0位置。

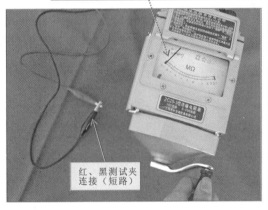

红、黑测试夹连接（短路）

6 测量时，将测试线上的鳄鱼夹分别夹在待测部位。

使用绝缘电阻表进行测量时，应保持手持式绝缘电阻表稳定，在转动手动摇杆时，应当由慢至快，若发现指针指向零时，则应当立即停止摇动，以防绝缘电阻表损坏。

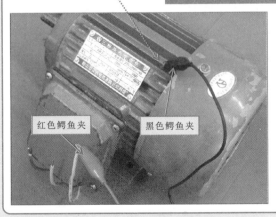

红色鳄鱼夹　　黑色鳄鱼夹

7 顺时针转动绝缘电阻表手动摇杆，观察表盘读数，根据检测结果即可进行判断。

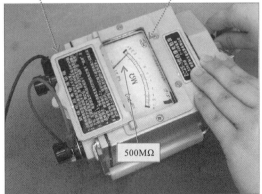

500MΩ

4.2.4 万能电桥的特点和用法

万能电桥是一种精密的测量仪表，可用于精确测量电容量、电感量和电阻值等电气参数。在电动机检修中，主要用于测量电动机绕组的直流电阻，可以精确测量出每组绕组的直流电阻值，即使微小偏差也能够发现，是判断电动机的制造工艺和性能是否良好的专用检测仪表。

【万能电桥的实物外形】

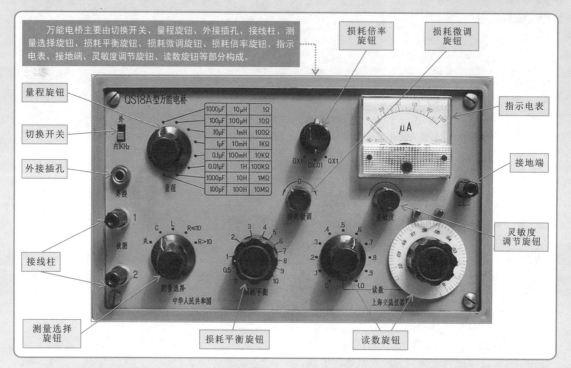

特别提醒

· 切换开关：可以选择内振荡或外振荡的模式。

· 量程旋钮：用于选择测量范围。上面所表示的刻度均为电桥在满度时的最大值，每一个挡位均分为电容量、电感量和电阻值三个数值。

· 外接插孔：有两个用途，一个用途为在测量有极性的电容和铁心电感时，若需要外部叠加直流电压，则可通过该插孔连接；另一个用途为外接振荡器信号时，通过外接导线连接到该插孔（此时，拨动开关应置于"外"上）。

· 接线柱：用于连接被测的元件。接线柱"1"表示高电位接口，接线柱"2"表示低电位接口，在一般情况下，连接时不必考虑。

· 测量选择旋钮：用来选择被测元件的类型。检测电容器时，将旋钮调至"C"处；检测电感器时，调至"L"处；检测10Ω以下的电阻器时，应置于R<10处；选择10Ω以上的电阻器时，应置于R>10处。

· 损耗平衡旋钮：在检测电容器或电感器的损耗时，需调此旋钮，该旋钮的数值乘上损耗倍率的数值，即被测元件的损耗值。

· 损耗微调旋钮：用来选择被测元件的损耗精度，一般应置于"0"处。

· 损耗倍率旋钮：用来扩展损耗平衡旋钮的测量范围，在检测空心电感器时，应将此开关置于"QX1"处；检测一般电容器时，应将旋钮置于"DX.01"处；检测大容量电解电容时，置于"DX1"处。

· 指示电表：电桥平衡时，指示电表的指针应指向"0"位。

· 接地端：与机壳连接，用来接地。

· 灵敏度调节旋钮：用来调节内部放大器的倍数。在最初调节电桥平衡时，应降低灵敏度，在使用时应逐步增大灵敏度，使电桥平衡。

· 读数旋钮：调整这两个旋钮可以使电桥平衡，读数为这两个值相加。

　　万能电桥的灵敏度和精确度非常高，检测方法也相对较复杂一下，很多功能旋钮需要配合使用才能完成测量。

【万能电桥的使用方法】

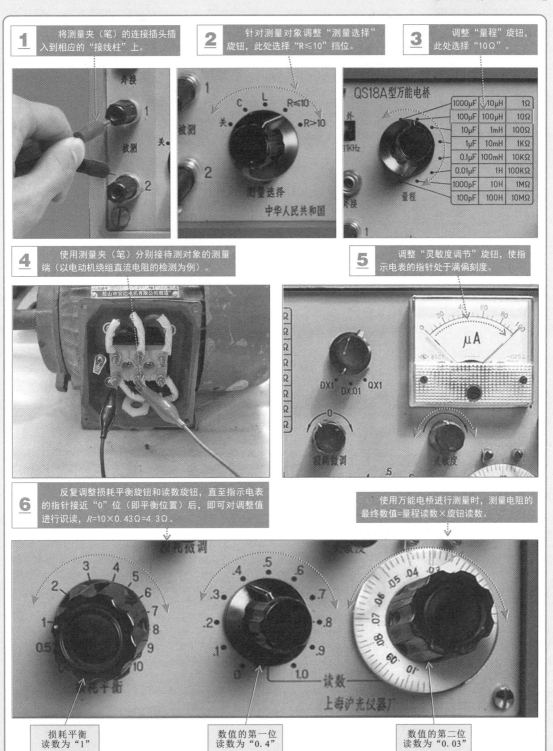

1 将测量夹（笔）的连接插头插入到相应的"接线柱"上。

2 针对测量对象调整"测量选择"旋钮，此处选择"R≤10"挡位。

3 调整"量程"旋钮，此处选择"10Ω"。

4 使用测量夹（笔）分别接待测对象的测量端（以电动机绕组直流电阻的检测为例）。

5 调整"灵敏度调节"旋钮，使指示电表的指针处于满偏刻度。

6 反复调整损耗平衡旋钮和读数旋钮，直至指示电表的指针接近"0"位（即平衡位置）后，即可对调整值进行识读，$R=10×0.43Ω=4.3Ω$。

　　使用万能电桥进行测量时，测量电阻的最终数值=量程读数×旋钮读数。

损耗平衡读数为"1"

数值的第一位读数为"0.4"

数值的第二位读数为"0.03"

4.2.5 转速表的特点和用法

转速表通常用于在电动机工作状态下，检测其旋转速度、线速度或频率等。根据电动机在工作状态下的电气参数，判断电动机工作是否正常，是电动机维修操作中的必备测量仪表之一。

【转速表的实物外形】

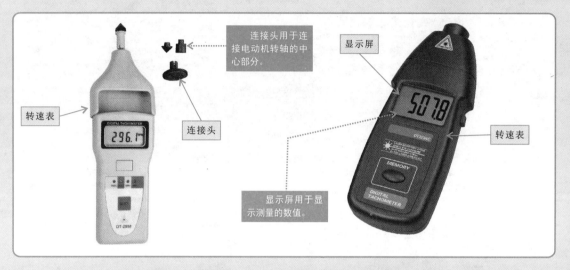

一般情况下，每只转速表都配备有不同规格的连接头等配件，以供测量使用。检测时，先将连接头与转速表连接，然后将连接头顶住电动机转轴的中心部分，使转速表与电动机轴同步旋转即可完成电动机的转速测量。

【转速表的使用方法】

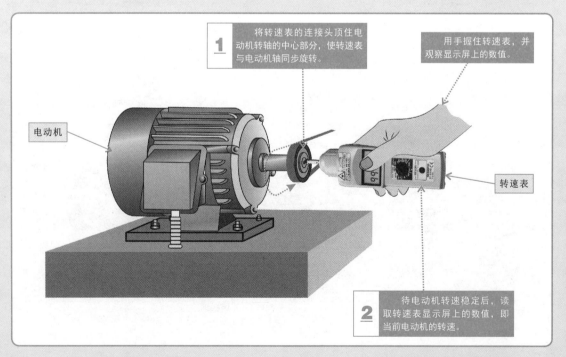

4.2.6 相序仪的特点和用法

相序仪是电动机维修操作中较为常用的测量仪表之一，通常用来判断三相交流电动机的三相供电线与电源的连接是否正常、相位顺序是否正确等。

【相序仪的实物外形】

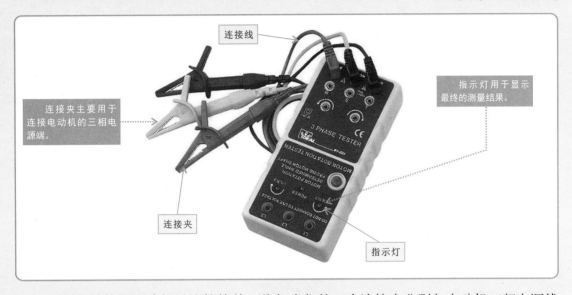

相序仪的使用方法相对比较简单，将相序仪的三个连接夹分别与电动机三相电源线连接即可检测出电源相序，该操作是在进行电动机控制电路连接操作中的重要环节，是确保三相电源与电动机三相绕组连接相序正确的重要仪表。

【相序仪的使用方法】

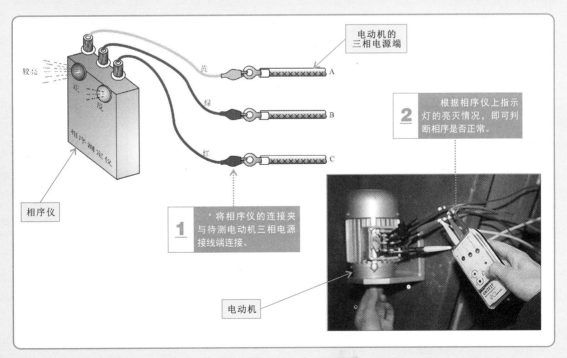

4.2.7 指示表的特点和用法

指示表是一种精确度非常高的测量仪表，它通过齿轮或杠杆将微小直线移动经过传动放大，变为指针在标度盘上的转动，然后在标度盘上进行读数，进而测量出被测尺寸的大小。

【指示表的实物外形】

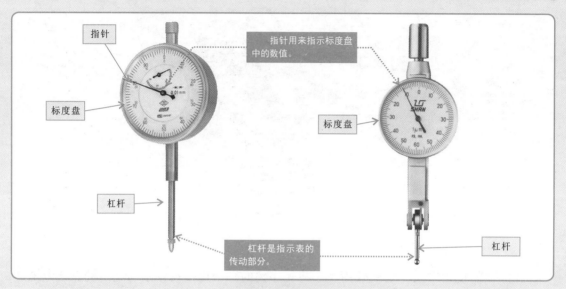

在电动机维修中，常借助指示表测定电动机转轴的弯曲程度，并在转轴校直过程中辅助监测校直效果。具体的使用方法参看下面的图解演示。

【指示表的使用方法】

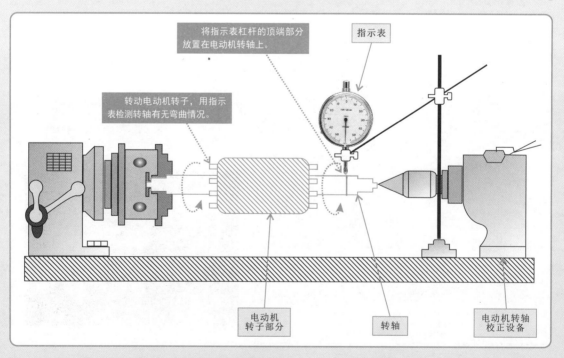

4.3
电动机必备检修材料和检修工具

在电动机维修中，除了必不可少的拆装工具和检测用仪表外，还需要准备一些基本的检修材料和工具，借助这些检修工具和材料来完成对电动机故障的排查和修复。

4.3.1　检修材料

在电动机的维修过程中，大多故障都以拆装、代换、清洗、修复的方式进行排除，在这些操作用中需要用到很多检修材料，如导电材料、绝缘材料、清洗润滑材料等，这些都是实现电动机故障排查的必备材料。

1. 导电材料

导电材料是指能够导电的线材类材料，如电动机绕组所用的电磁线（漆包线）、电动机供电引线端的电源线等。

【电动机维修中使用到的导电材料】

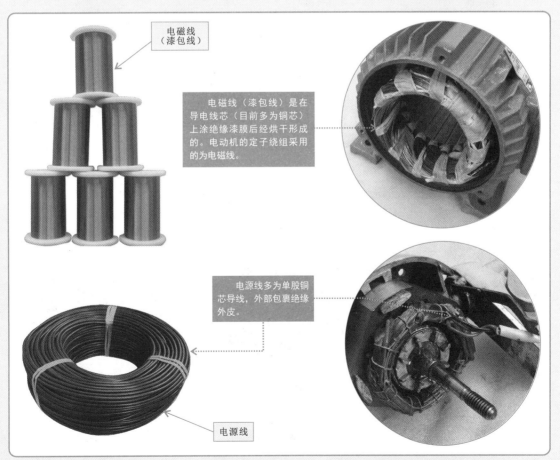

电磁线（漆包线）

电磁线（漆包线）是在导电线芯（目前多为铜芯）上涂绝缘漆膜后经烘干形成的。电动机的定子绕组采用的为电磁线。

电源线多为单股铜芯导线，外部包裹绝缘外皮。

电源线

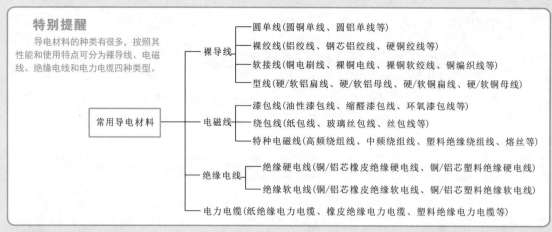

特别提醒

　　导电材料的种类有很多，按照其性能和使用特点可分为裸导线、电磁线、绝缘电线和电力电缆四种类型。

常用导电材料

- 裸导线
  - 圆单线(圆铜单线、圆铝单线等)
  - 裸绞线(铝绞线、钢芯铝绞线、硬铜绞线等)
  - 软接线(铜电刷线、裸铜电线、裸铜软绞线、铜编织线等)
  - 型线(硬/软铝扁线、硬/软铝母线、硬/软铜扁线、硬/软铜母线)
- 电磁线
  - 漆包线(油性漆包线、缩醛漆包线、环氧漆包线等)
  - 绕包线(纸包线、玻璃丝包线、丝包线等)
  - 特种电磁线(高频绕组线、中频绕组线、塑料绝缘绕组线、熔丝等)
- 绝缘电线
  - 绝缘硬电线(铜/铝芯橡皮绝缘硬电线、铜/铝芯塑料绝缘硬电线)
  - 绝缘软电线(铜/铝芯橡皮绝缘软电线、铜/铝芯塑料绝缘软电线)
- 电力电缆(纸绝缘电力电缆、橡皮绝缘电力电缆、塑料绝缘电力电缆等)

 2.绝缘材料

　　绝缘材料是指不能导电的一类材料。在电动机维修中，常用的绝缘材料主要有绝缘布、绝缘胶带、绝缘漆和绝缘管等。

【电动机维修中使用到的绝缘材料】

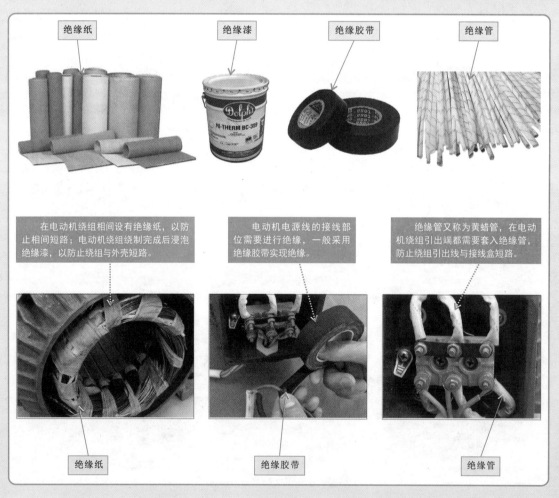

绝缘纸　　绝缘漆　　绝缘胶带　　绝缘管

在电动机绕组相间设有绝缘纸，以防止相间短路；电动机绕组绕制完成后浸泡绝缘漆，以防止绕组与外壳短路。

电动机电源线的接线部位需要进行绝缘，一般采用绝缘胶带实现绝缘。

绝缘管又称为黄蜡管，在电动机绕组引出端都需要套入绝缘管，防止绕组引出线与接线盒短路。

绝缘纸　　　　　　绝缘胶带　　　　　　绝缘管

3.清洗润滑材料

　　在电动机维护、维修中，清洗和润滑是十分关键的环节，常用的清洗润滑材料主要有煤油、汽油、机油、润滑剂、润滑脂等。这些材料主要用于对电动机转轴、轴承等传动部件进行清洗和润滑，具体的应用可参考后面章节电动机的日常维护。

【清洗润滑材料的外形】

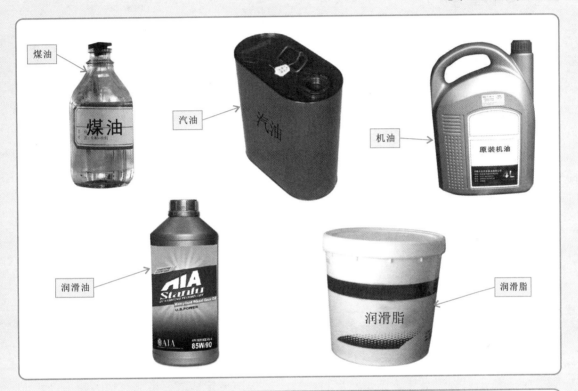

特别提醒

　　常用的电动机轴承润滑脂主要有钙基润滑脂、钠基润滑脂、复合钙基润滑脂、钙钠基润滑脂、锂基润滑脂、二硫化钼润滑脂等，不同润滑脂的性能和应用场合有所不同，上述几种常见润滑脂的特点及应用场合见下表所列。

名称	特点	应用场合
钙基润滑脂	抗水性较强、稳定性较好、纤维较短、泵送性较好、不耐高温；若用于高温场合，则当轴承运行在100℃以上时，便逐渐变软甚至流失，不能保证润滑，使用温度范围仅为-10～60℃	用于一般工作温度，与水接触的高转速、轻负荷，中转速、中负荷封闭式电动机滚动和滑动轴承的润滑
钠基润滑脂	不抗水、稳定性较好、耐高温、防护性较好、附着力较强、耐振动；若用于很潮湿的场合，则当润滑脂触水水解后而变稀流失，导致轴承因缺油而过早损坏	在较高工作温度，中速、中等负荷、低速、高负荷开启式或封闭式电动机滚动和滑动轴承润滑
锂基润滑脂	可替代钙基、钠基和钙钠基润滑脂的使用。锂对水的溶解度很小，具有良好的抗水性	派生系列电动机密封轴承润滑，可以减少维护工作量，增加轴承使用寿命，降低维护费用
钙钠基润滑脂	兼有钙基润滑脂的抗水性和钠基润滑脂的耐高温性，具有良好的输送性和机械安定性，安全可替代钙基润滑脂、钠基润滑脂使用	在较高工作温度，允许有水蒸气的条件下（不适用于低温场合的90kW以下封闭式电动机和发动机的滚动轴承润滑）

注：润滑脂是一种半固体的油膏状物质，主要由润滑剂和稠化剂组成，不管采用哪一种润滑脂，在加装前都应加入一定比例的润滑油。对于转速较高和工作温度较高的轴承，润滑油的比例应少些

4.3.2 检修工具

电动机的检修工具是指在检修过程中，用以完成电动机故障排查和修复的必备工具和设备，如修复转轴缺损或裂纹的电焊设备，打磨或修复电动机铁心毛刺的细锉、车床、电钻等，绕组绕制操作中用到的热烘箱、浸泡箱等。

1. 电焊设备

电焊设备的应用比较广泛，在电动机维修操作中，主要用于对电动机轴颈缺损部位进行补焊。电焊设备一般包括电焊机、电焊钳和焊条等部分。

【电焊设备的实物外形】

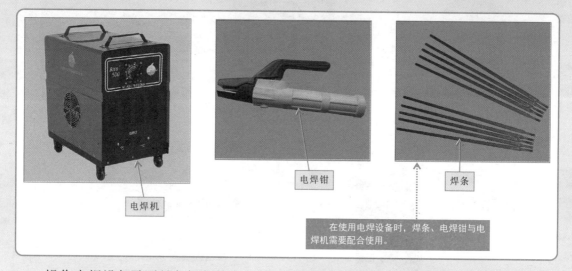

电焊机

电焊钳

焊条

在使用电焊设备时，焊条、电焊钳与电焊机需要配合使用。

操作电焊设备需要具备规范的专业技能，在使用前，应先将电焊机与电焊钳进行连接，并且使用电焊钳夹住焊条，然后将电焊机的接地夹接地，最后通过焊条对电动机需要修补的地方进行补焊。

【电焊设备的使用方法】

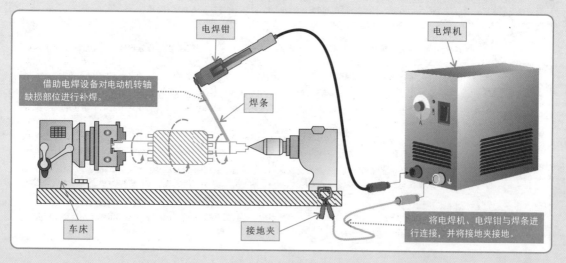

电焊钳

电焊机

借助电焊设备对电动机转轴缺损部位进行补焊。

焊条

车床

接地夹

将电焊机、电焊钳与焊条进行连接，并将接地夹接地。

2. 电钻

电钻是一种用于钻孔的专用设备，在电动机检修过程中，主要用于对电动机外壳进行钻孔。

【电钻的实物外形】

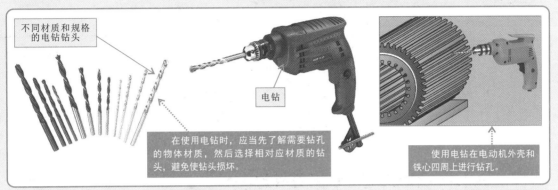

不同材质和规格的电钻钻头

电钻

在使用电钻时，应当先了解需要钻孔的物体材质，然后选择相对应材质的钻头，避免使钻头损坏。

使用电钻在电动机外壳和铁心四周上进行钻孔。

3. 热烘箱、浸泡箱

热烘箱和浸泡箱是指专门用于对电动机绕组进行绝缘软化或绕组浸漆与烘干的设备，热烘箱和浸泡箱都呈长方体箱状外形。

【热烘箱、浸泡箱的实物外形】

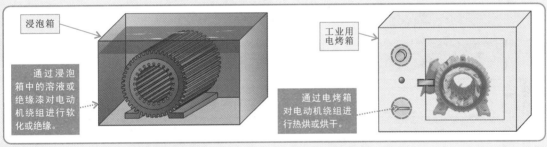

浸泡箱

工业用电烤箱

通过浸泡箱中的溶液或绝缘漆对电动机绕组进行软化或绝缘。

通过电烤箱对电动机绕组进行热烘或烘干。

4. 其他必备检修工具

在电动机检修中，电动机出现不同的故障，所需要借助的检修工具也不同，因此，作为电动机维修人员，需要将各种各样的检修工具准备齐全。

【其他必备检修工具的实物外形】

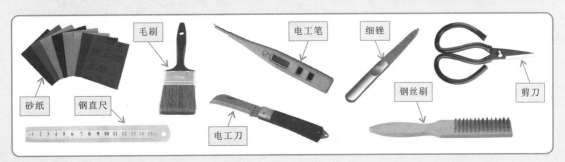

毛刷

电工笔

细锉

砂纸

钢直尺

电工刀

钢丝刷

剪刀

第5章 电动机的拆卸与安装方法

5.1 直流电动机的拆卸

第5章

在对直流电动机进行检修时，对直流电动机进行拆卸是非常重要的操作环节。无论是对内部电气部件的检修，还是对机械部件连接状态以及磨损情况进行核查，都需要掌握直流电动机的拆卸技能。

直流电动机在很多家用电子产品及电动产品中应用广泛。其中，电动自行车中的主要动力部件就是直流电动机。下面我们分别以典型有刷直流电动机和无刷直流电动机为例，在了解电动机基本拆装流程的基础上，实际练习电动机的基本拆装方法。

5.1.1 有刷直流电动机的拆卸

拆装电动自行车有刷直流电动机是电动机维修操作的前提，掌握正确的操作方法和步骤，对于准确、高效地拆装有刷直流电动机、提高维修效率十分关键。在拆卸有刷直流电动机之前，一定要根据有刷直流电动机的安装特点做好拆卸规划，进而确保对有刷直流电动机的拆卸顺利进行。

【有刷直流电动机的拆卸流程图】

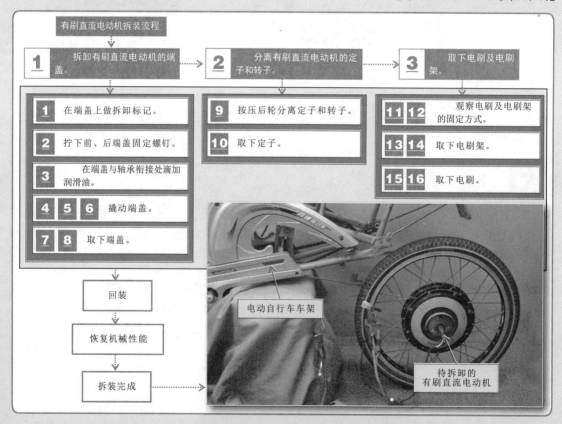

1. 拆卸有刷直流电动机的端盖

拆卸有刷直流电动机的端盖时，首先要做好标记，然后拆卸固定螺钉，最后通过润滑和撬动的方式即可将有刷直流电动机的端盖分离。

【有刷直流电动机端盖的拆卸】

使用记号笔在有刷直流电动机的前、后端盖上做好拆装标记。

特别提醒

使用记号笔在直流电动机的端盖上画一条竖线，直流电动机前、后端盖都应有竖线标记，以此作为对位标记，以便在重新安装时能够准确对位，确保安装精确。

在电动机端盖上用记号笔做好标记

特别提醒

拆卸螺钉时应对角拆卸，避免电动机端盖及外壳变形。拧下的螺钉应妥善保存，避免丢失。

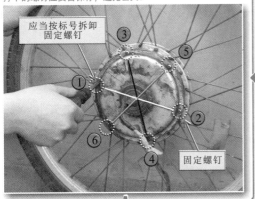

应当按标号拆卸固定螺钉

固定螺钉

2 固定螺钉

使用螺钉旋具将有刷直流电动机前、后端盖的固定螺钉按对角顺序分别拧下。

3 润滑油

端盖部分装配紧密，拆卸时，在端盖与轴承的衔接处滴加适量的润滑油，使端盖较容易拆下。

4 一字槽螺钉旋具

将一字槽螺钉旋具放在端盖与齿轮组之前，轻轻撬动使其松动。

将一字槽螺钉旋具插入后端盖与直流电动机的连接处，轻轻撬动，使后端盖与电动机之间出现缝隙。

一字槽螺钉旋具

一字槽螺钉旋具

将后端盖与直流电动机的缝隙处分别插入一字槽螺钉旋具，轻轻向外侧撬动。

端盖

连接引线

将后端盖从电动机上取下，注意不要损坏引线。

此时，另外一侧的端盖也可以与电动机分离了，将其取下，即完成端盖部分的拆卸。

连接引线

从直流电动机上取下松动的后端盖。

2. 分离有刷直流电动机的定子和转子

打开端盖后，即可看到有刷直流电动机的定子和转子，由于有刷直流电动机的定子与转子之间是通过磁场相互作用的，所以可将其直接分离，用力向下按压电动机转子即可将其分离。

【分离有刷直流电动机的定子和转子部分的拆卸】

将后轮带有连接引线的一端朝上，用力向下压，使定子与转子分离。

定子

转子及线圈

将定子从转子中取出，即可使定子与转子部分分离。

3. 取下有刷直流电动机的电刷及电刷架

有刷直流电动机的定子和转子分离后，可以看到电刷是固定在定子上的，然后将电刷从定子上取下。

【取下有刷直流电动机中的电刷及电刷架】

电刷架

观察电刷架的固定方式。

电刷

电刷

观察电刷的固定方式。

电刷架

将电刷架从定子上取下。

定子

使用十字槽螺钉旋具将电刷架上的固定螺钉拧下。

电刷

定子

将电刷从定子中抽出。

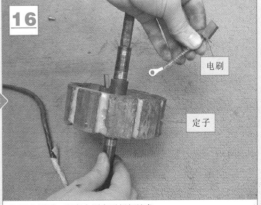

电刷

定子

取下电刷后，观察电刷有无损坏迹象。

5.1.2 无刷直流电动机的拆卸

拆装电动自行车无刷直流电动机是电动机维修操作的前提，掌握正确的操作方法和步骤，对于准确、高效地拆装无刷直流电动机、提高维修效率十分关键。在拆卸无刷直流电动机之前，一定要根据无刷直流电动机的安装、固定的特点做好拆卸规划，进而确保无刷直流电动机拆卸的顺利进行。

【无刷直流电动机的拆卸流程图】

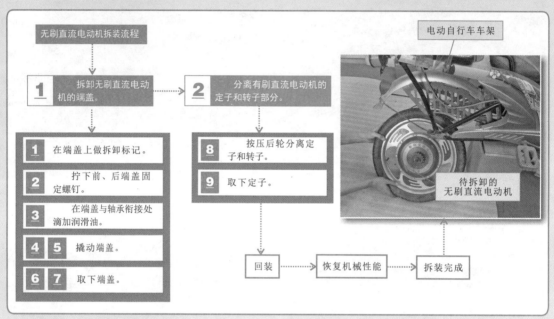

1. 拆卸无刷直流电动机的端盖

拆卸无刷直流电动机的端盖时，应先在无刷直流电动机端盖上用记号笔做好标记，以便重装时能够完全对应，然后逐一将端盖上的固定螺钉进行拆卸，即可分离出端盖部分。

【无刷直流电动机端盖的拆卸】

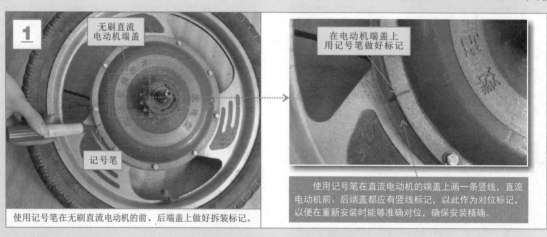

使用记号笔在无刷直流电动机的前、后端盖上做好拆装标记。

使用记号笔在直流电动机的端盖上画一条竖线，直流电动机前、后端盖都应有竖线标记，以此作为对位标记，以便在重新安装时能够准确对位，确保安装精确。

【无刷直流电动机端盖的拆卸（续）】

2

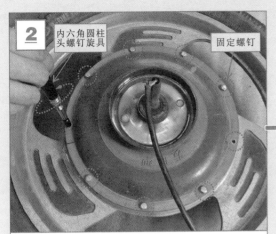

内六角圆柱头螺钉旋具

固定螺钉

使用内六角圆柱头螺钉旋具将无刷直流电动机前后端盖的固定螺钉按对角顺序分别拧下。

特别提醒

拆卸螺钉时应对角拆卸，避免电动机端盖及外壳变形。拧下的螺钉应妥善保存，避免丢失。

3

润滑油

在后端盖与轴承的衔接处滴加适量润滑油。

端盖部分装配紧密，拆卸时在端盖与轴承的衔接处滴加适量润滑油，使端盖较容易拆下。

4

锤子

一字槽螺钉旋具

端盖

将一字槽螺钉旋具放在后端盖与直流电动机连接处，使用锤子敲打一字槽螺钉旋具刀把，使其后端盖与电动机之间出现缝隙。

5

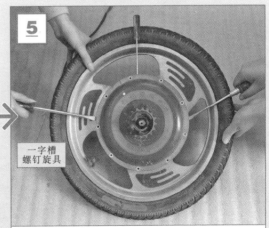

一字槽螺钉旋具

将后端盖与无刷电动机的缝隙处分别插入一字槽螺钉旋具，轻轻向外侧撬动。

【无刷直流电动机端盖的拆卸（续）】

6

前端盖

从无刷直流电动机上取下松动的后端盖。

7

后端盖

此时，另外一侧的前端盖也可以与电动机分离了，将其取下，即完成端盖部分的拆卸。

 2. 分离无刷直流电动机的定子和转子

打开端盖后，即可看到无刷直流电动机的定子和转子部分，由于无刷直流电动机的定子与转子之间是通过磁场相互作用的，所以可将其直接分离，用力向下按压电动机转子即可将其分离。

【分离无刷直流电动机的定子和转子部分的拆卸】

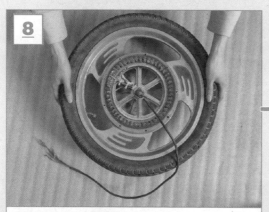

8

向下用力按压无刷直流电动机转子。

9

转子

定子

将无刷直流电动机的定子和转子分离。

特别提醒

在对无刷直流电动机进行拆卸前应清洁操作场地，防止杂物吸附到无刷直流电动机内的磁钢上，影响电动机性能。若不需要对无刷电动机内部进行检修或更换，应尽量避免对无刷直流电动机内部的拆卸，防止重装不当引起损耗过多，降低无刷直流电动机本身性能或使用寿命。另外，若怀疑无刷电动机损坏，可以直接更换整个无刷直流电动机。

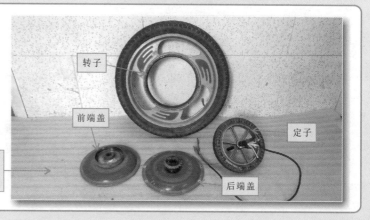

转子

前端盖

定子

后端盖

拆卸完成的无刷直流电动机各组成部件

5.2 交流电动机的拆卸

第5章

　　大家在学习中可以了解到，交流电动机的类型和结构也是多种多样的，在对交流电动机进行检修中，对电动机进行拆卸也是不可避免的操作环节，那么，接下来我们将分别以典型单相交流电动机和三相交流电动机为例，介绍一下这种类型电动机的具体拆卸方法。

5.2.1　单相交流电动机的拆卸

　　大家在前面章节的学习中可以了解到，单相交流电动机的结构是多种多样的，但其基本的拆卸方法大致相同，下面以电风扇中的单相交流电动机为例，介绍一下这种类型电动机的具体拆卸方法。

【单相交流电动机的拆卸流程图】

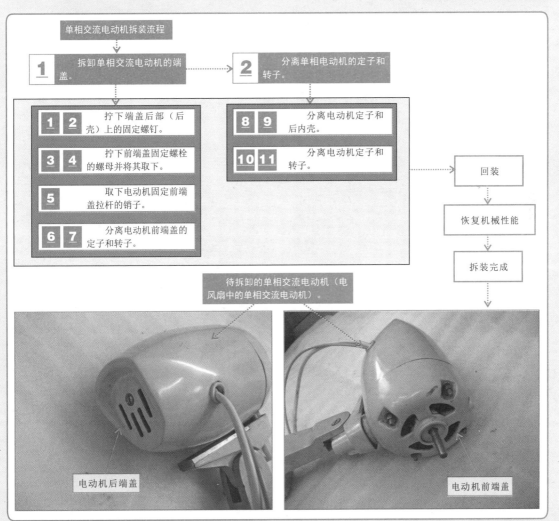

1. 拆卸单相交流电动机的端盖

在对单相交流电动机端盖进行拆卸前，应先注意观察其装接方式和结构特点，并将操作现场进行清洁和整理，防止灰尘杂物吸附到电动机内部磁心或绕组上影响其性能，然后再对其进行拆卸。

【单相交流电动机端盖的拆卸】

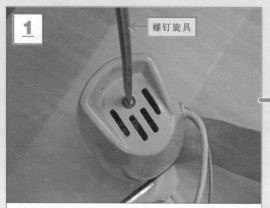

使用一字槽螺钉旋具拧下端盖后部（后壳）上的固定螺钉。

取下后端盖时应注意由端盖侧面引出的电源线及控制线部分，应避免用力过猛拉断引线或将引线连接断开。

取下螺钉后，即可向上提起电动机后端盖，将其分离。

使用一字槽螺钉旋具顶住前端盖固定螺栓的螺杆的一字端头上，拧动螺杆将其拆下。

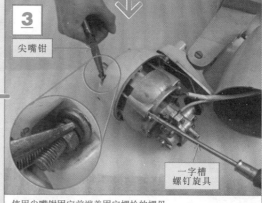

使用尖嘴钳固定前端盖固定螺栓的螺母。

使用尖嘴钳将电动机固定前端盖拉杆的销子夹直抽出，并将拉杆取下。

用锤子轻轻敲打电动机轴承，使前端盖与电动机定子与转子松动。

【单相交流电动机端盖的拆卸（续）】

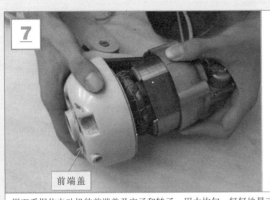

前端盖

电动机的定子和转子

用双手握住电动机的前端盖及定子和转子，用力均匀、轻轻地晃动，将电动机的前端盖取下。

 2.分离单相交流电动机的定子和转子

打开端盖后，即看到单相交流电动机的定子和转子，双手用力晃动定子和转子可将其定子、转子以及电动机内壳分离。

【单相交流电动机的定子和转子的拆卸】

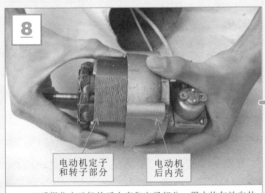

电动机定子和转子部分　　电动机后内壳

双手握住电动机的后内壳和定子部分，用力均匀地向外轻轻晃动。

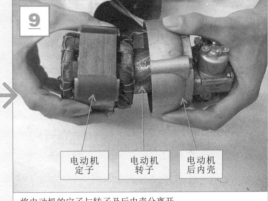

电动机定子　　电动机转子　　电动机后内壳

将电动机的定子与转子及后内壳分离开。

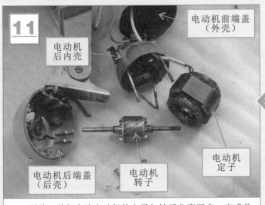

电动机后内壳

电动机前端盖（外壳）

电动机后端盖（后壳）　　电动机转子　　电动机定子

至此，单相交流电动机的定子与转子分离开来，完成单相交流电动机的拆卸。

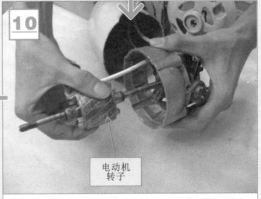

电动机转子

双手握住电动机的后内壳和转子，用力均匀地向外轻轻晃动，将转子从后内壳抽出。

5.2.2 三相交流电动机的拆卸

三相交流电动机的结构是多种多样的，但其基本的拆卸方法大致相同，下面我们以三相交流电动机为例，介绍一下这种类型电动机的具体拆卸方法。

在拆卸三相交流电动机之前，一定要根据三相交流电动机的安装、固定的特点做好拆卸规划，进而确保三相交流电动机拆卸的顺利进行。

【三相交流电动机的拆卸流程图】

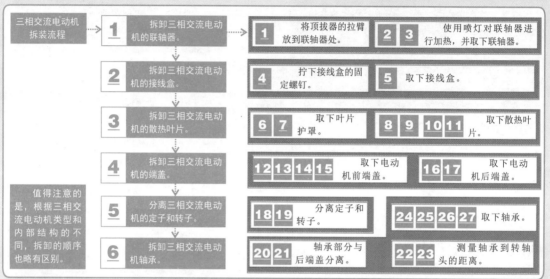

1. 拆卸三相交流电动机的联轴器

拆卸三相交流电动机的联轴器时可使用顶拔器进行拆卸，而对于有些电动机联轴器与电动机转轴连接十分牢固，直接使用顶拔器很难将联轴器拔出，此时可借用喷灯对联轴器进行加热，加热的同时拔出联轴器即可。

【三相交流电动机联轴器的拆卸】

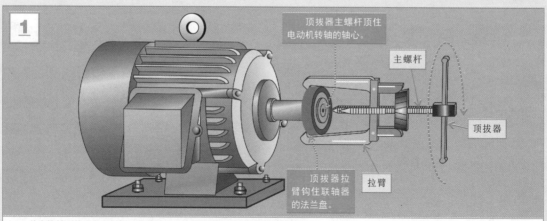

首先旋转顶拔器的主螺杆，使其松动。接着将顶拔器的拉臂放到联轴器处，并调整好拉臂的位置。将顶拔器的拉臂钩住联轴器的法兰盘，使顶拔器主螺杆顶住电动机转轴的轴心，顺时针转动拉拔器手柄。

【三相交流电动机联轴器的拆卸（续）】

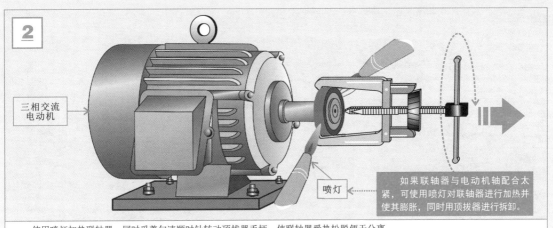

使用喷灯加热联轴器，同时妥善匀速顺时针转动顶拔器手柄，使联轴器受热松脱便于分离。

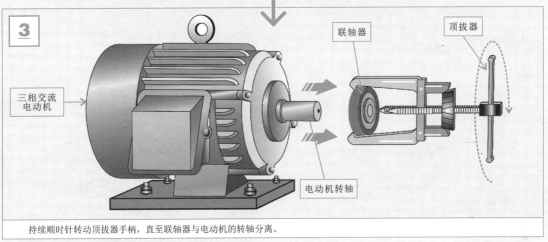

持续顺时针转动顶拔器手柄，直至联轴器与电动机的转轴分离。

 2. 拆卸三相交流电动机的接线盒

　　三相交流电动机的接线盒安装在电动机的侧端，由四颗固定螺钉固定。拆卸时，将固定螺钉拧下即可将接线盒外壳取下。

【三相交流电动机接线盒的拆卸】

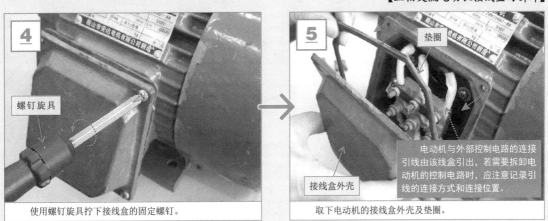

使用螺钉旋具拧下接线盒的固定螺钉。

取下电动机的接线盒外壳及垫圈。

3.拆卸三相交流电动机的散热叶片

　　三相交流电动机的散热叶片安装在电动机的后端叶片护罩中，拆卸时需先将叶片护罩取下后，再将散热叶片拆下。

【三相交流电动机散热叶片的拆卸】

使用螺钉旋具拧下叶片护罩的固定螺钉。

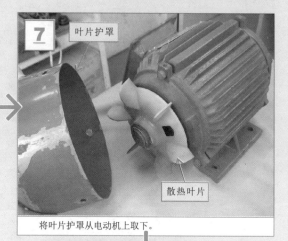

将叶片护罩从电动机上取下。

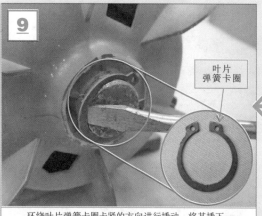

环绕叶片弹簧卡圈卡紧的方向进行撬动，将其撬下。

将螺钉旋具插入轴伸端的卡槽中，撬动叶片弹簧卡圈。

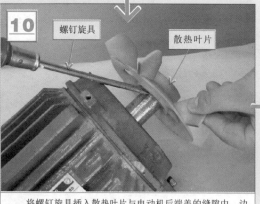

将螺钉旋具插入散热叶片与电动机后端盖的缝隙中，边旋转散热叶片边使用螺钉旋具撬动。

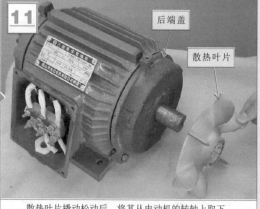

散热叶片撬动松动后，将其从电动机的转轴上取下。

4. 拆卸三相交流电动机的端盖

三相交流电动机的端盖由前端盖和后端盖构成，都是由固定螺钉固定在电动机外壳上的。拆卸时，拧下固定螺钉，然后撬开端盖，注意不要损伤配合部分。

【三相交流电动机端盖的拆卸】

12 扳手 前端盖

拆卸时，应先分别将螺母拧松，以免前端盖受力不均。

使用扳手将电动机前端盖的固定螺母拧下。

13 锤子 錾子

将錾子插入前端盖和定子的缝隙处，从多个方位均匀地撬开端盖，使端盖与机身分离。

15 轴承 前端盖

取下前端盖后，即可看到电动机绕组和轴承部分。

14 锤子

待前端盖松动后，用锤子轻轻敲打，将前端盖取下。

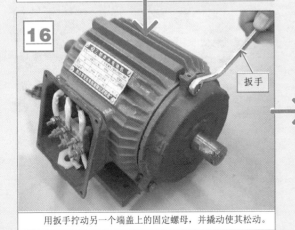

16 扳手

用扳手拧动另一个端盖上的固定螺母，并撬动使其松动。

17 后端盖

由于前端盖已经被拆下，所以后端盖没有紧固力，该端盖无法与轴承分离，这里先连同转子一同取下。

特别提醒

三相交流电动机后端盖通过轴承与电动机转子紧固在一起，拆卸时，需要先将转子从定子中分离出来后再拆卸，将其与轴承分离，因此这部分将在轴承的拆卸中进行讲述。

5. 分离三相交流电动机的定子和转子

三相交流电动机的转子插装在定子中心处，从一侧稍用力，即可将转子抽出，完成三相交流电动机定子和转子的分离操作。

【三相交流电动机定子和转子的分离】

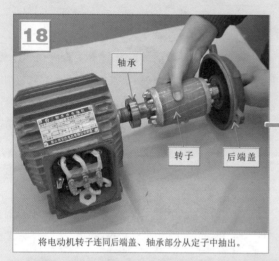

将电动机转子连同后端盖、轴承部分从定子中抽出。

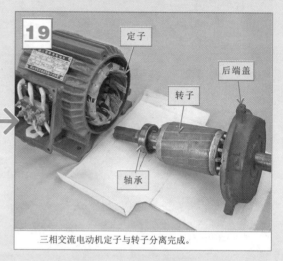

三相交流电动机定子与转子分离完成。

6. 拆卸三相交流电动机的轴承

三相交流电动机的轴承也是在检修操作中的重要环节，因此这里特别介绍一下轴承部分的拆卸。拆卸三相交流电动机轴承时，应先将后端盖与轴承分离，再分别对转轴两端的轴承进行拆卸。在拆卸前，首先记录轴承在转轴上的位置，为安装做好准备。

【三相交流电动机轴承部分的拆卸】

轴承安装精度较高，拆卸时应注意均匀用力，防止轴承变形。

后端盖松动后慢慢旋转，将其取下。

【三相交流电动机轴承部分的拆卸（续）】

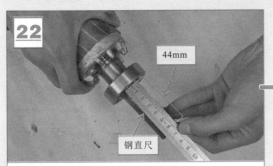

22 44mm

钢直尺

使用钢直尺测量一侧轴承外端到转轴端头的距离，并记录轴承在转轴上的位置。

23 65mm

使用钢直尺测量另一侧轴承外端到转轴端头的距离，并记录轴承在转轴上的位置。

特别提醒

注意用力要适度，切不可强行捶打损坏轴承。若无法将轴承拆下，则可借助顶拔器等专用工具进行拆卸。

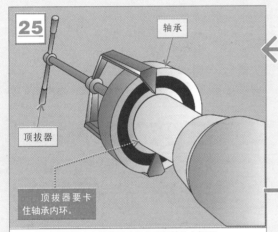

25 轴承

顶拔器

顶拔器要卡住轴承内环。

使用顶拔器小心地将轴承从电动机转轴上卸下。

特别提醒

由于轴承与转轴之间衔接及位置关系要求较高，若轴承安装不良将引起电动机磨损或运行不良，所以应根据实际维修情况进行拆卸，不必要时不可盲目拆卸。

24 轴承

润滑油

在电动机两个轴承处，分别滴加适量的润滑油，使润滑油浸入轴承与转轴衔紧的缝隙中，对其进行润滑。

26 转轴

轴承

将轴承从转轴上分离，并使用同样的方法将另一侧轴承拆下。

27

后端盖松动后慢慢旋转，将其取下。

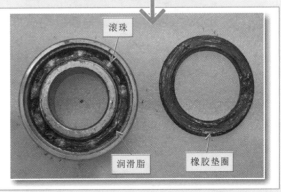

滚珠

润滑脂 橡胶垫圈

5.3
电动机的安装

5.3.1 电动机的机械安装

电动机的机械安装实际是指电动机的安装固定以及与被驱动机构的连接操作。下面我们从电动机的安装要求入手，对电动机安装前、安装过程中以及安装后的要求进行系统地介绍，使学习者对电动机的各种安装要求有深刻的理解。

然后，在此基础上，我们将以典型电动机的机械安装作为实训案例，结合实际电动机展开演示教学，让大家在学习电动机机械安装过程中，了解电动机的安装步骤、注意事项以及调整方法，最终掌握电动机的机械安装技能。

1. 电动机的安装要求

不同电动机的性能和结构形式也不同，安装方式各异，因此各自的安装要求也略有不同，下面以三相交流电动机为例，对其安装要求进行简单介绍。

电动机安装之前，需要根据安装环境和安装需求选择合适的安装方式。

【电动机安装前的外观检查】

电动机安装前，应检查电动机的外观，如检查电动机的铭牌应齐全、电动机的引出线焊接或压接应牢固、转轴转动应灵活等。

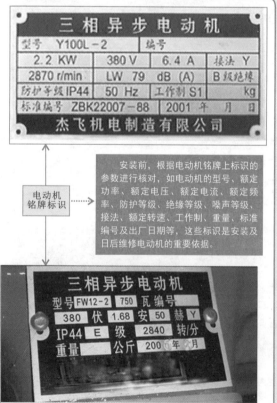

安装前，根据电动机铭牌上标识的参数进行核对，如电动机的型号、额定功率、额定电压、额定电流、额定频率、防护等级、绝缘等级、噪声等级、接法、额定转速、工作制、重量、标准编号及出厂日期等，这些标识是安装及日后维修电动机的重要依据。

选择需要安装的电动机后，应使用绝缘电阻表检测电动机的绝缘电阻，这是安装前的重要一环，可排除电动机是否有漏电问题。

【电动机安装前的绝缘板电阻的检测】

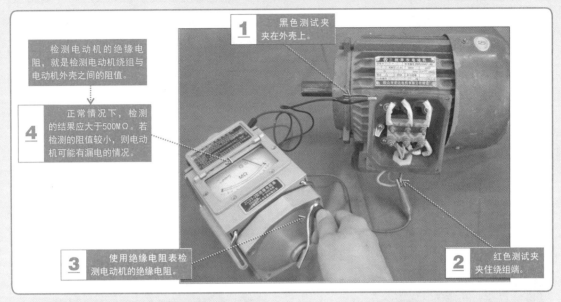

检测电动机的绝缘电阻，就是检测电动机绕组与电动机外壳之间的阻值。

4 正常情况下，检测的结果应大于500MΩ。若检测的阻值较小，则电动机可能有漏电的情况。

1 黑色测试夹夹在外壳上。

3 使用绝缘电阻表检测电动机的绝缘电阻。

2 红色测试夹夹住绕组端。

电动机安装前应按照设计要求选择传动方式，如使用联轴器、齿轮或带轮进行传动。

【电动机安装前应按照设计要求选择传动方式】

使用联轴器驱动 电动机

水泵

使用带轮驱动

升降机

电动机

值得注意的是，若电动机为功率在4 kW以上的2极电动机或30 kW以上4极电动机时不宜采用带轮传动，且电动机为双轴伸电动机时只能采用联轴器进行传动。

使用齿轮驱动

电动机安装前应将电动机的安装位置设置在检修操作方便，且通风冷却良好的环境下，不可设置在过晒或雨淋的环境中。电动机在运输或受潮后，绝缘电阻达不到规范要求，此时应对电动机进行干燥处理。

电动机在安装过程中，针对不同的部件及安装部位，应注意各种要求及注意事项。

【电动机安装过程中的注意事项】

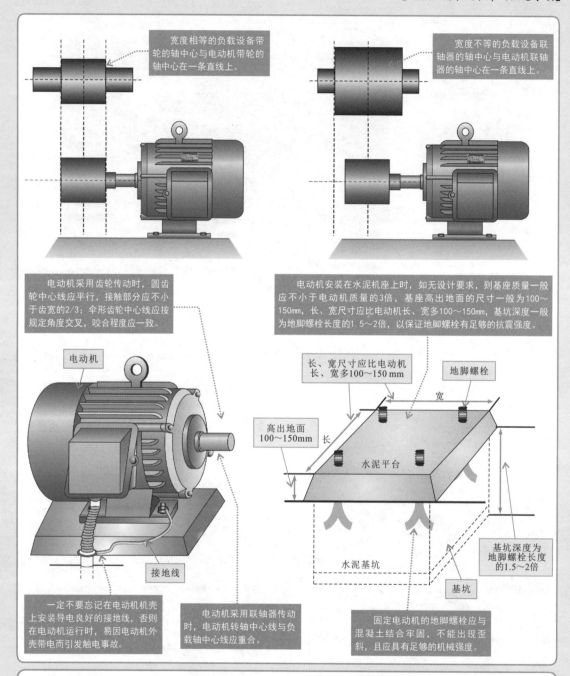

宽度相等的负载设备带轮的轴中心与电动机带轮的轴中心在一条直线上。

宽度不等的负载设备联轴器的轴中心与电动机联轴器的轴中心在一条直线上。

电动机采用齿轮传动时，圆齿轮中心线应平行，接触部分应不小于齿宽的2/3；伞形齿轮中心线应按规定角度交叉，咬合程度应一致。

电动机安装在水泥机座上时，如无设计要求，则基座质量一般应不小于电动机质量的3倍，基座高出地面的尺寸一般为100～150mm，长、宽尺寸应比电动机长、宽多100～150mm，基坑深度一般为地脚螺栓长度的1.5～2倍，以保证地脚螺栓有足够的抗震强度。

电动机

长、宽尺寸应比电动机长、宽多100～150 mm

地脚螺栓

宽

高出地面100～150mm

长

水泥平台

接地线

水泥基坑

基坑深度为地脚螺栓长度的1.5～2倍

基坑

一定不要忘记在电动机机壳上安装导电良好的接地线，否则在电动机运行时，易因电动机外壳带电而引发触电事故。

电动机采用联轴器传动时，电动机转轴中心线与负载轴中心线应重合。

固定电动机的地脚螺栓应与混凝土结合牢固，不能出现歪斜，且应具有足够的机械强度。

特别提醒

电动机的质量较大，在搬运、提吊电动机时，一定要细致检查吊绳、吊链或撬板等设施，确保安全。在提吊电动机时，不应将绳索栓套在轴承、机盖等不承重的位置，否则极易造成电动机的损坏。

安装到位的电动机一定要确保安装的牢固和平稳。电动机的机座应保证水平，偏差应小于0.10 mm/m。

电动机采用带轮传动时，电动机的带轮与负载设备带轮的中心线必须在同一直线上，安装传动带时，传动带的宽度中心线也在同一直线上。若未在一条线上，则需及时校正，这样可以确保传动带在传动动力的过程中，不会跑偏。

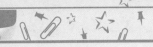

电动机安装后，还应检查安装后的项目，从而确保安装后的电动机能正常运行。

【电动机安装前的外观检查】

● 电动机安装检查合格后，空载试运行，运行时间一般为2 h，运行期间记录电动机的空载电流。
● 检查电动机的旋转方向是否符合设计要求。
● 检查电动机的温度（无过热现象）、轴承温升（滑动轴承温升不应超过55℃，滚动轴承温升不应超过65℃）及声音（无杂音）是否正常。
● 检查电动机的振动情况，应符合规范要求。

 2. 电动机的安装方式

通常，三相异步电动机的安装方式主要可以分为卧式安装（IMBxx）和立式安装（IMVxx）两类。其中，IM是国际通用的安装方式代号，B表示卧式（电动机轴线水平）；V表示立式（电动机轴线竖直）；xx为是1～2位数字，表示具体安装形式。

三相异步电动机卧式安装方式常见的有B3、B5、B35。三相异步电动机立式安装方式常见的有V1、V3。

【电动机常见的安装方式】

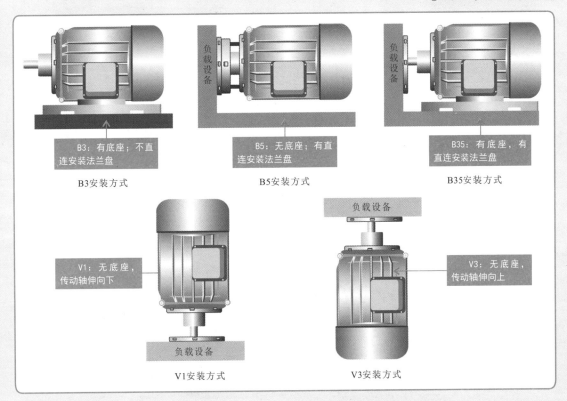

B3：有底座；不直连安装法兰盘
B3安装方式

B5：无底座；有直连安装法兰盘
B5安装方式

B35：有底座，有直连安装法兰盘
B35安装方式

V1：无底座，传动轴伸向下
负载设备
V1安装方式

负载设备
V3：无底座，传动轴伸向上
V3安装方式

 3. 电动机的安装方法

以B3安装方式为例。三相交流电动机质量大，工作时会产生振动，因此不能将电动机直接放置在地面上，应安装固定在混凝土基座或木板上。

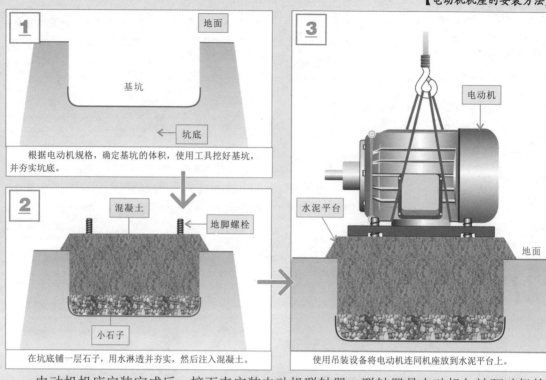

【电动机机座的安装方法】

1 地面

基坑

坑底

　　根据电动机规格，确定基坑的体积，使用工具挖好基坑，并夯实坑底。

2 混凝土　　地脚螺栓

小石子

　　在坑底铺一层石子，用水淋透并夯实，然后注入混凝土。

3 电动机

水泥平台

地面

　　使用吊装设备将电动机连同机座放到水泥平台上。

　　电动机机座安装完成后，接下来安装电动机联轴器。联轴器是电动机与被驱动机构相连使其同步运转的部件，如水泵。电动机通过联轴器与水泵轴相连，电动机转动时带动水泵旋转。

【电动机联轴器的安装示意图】

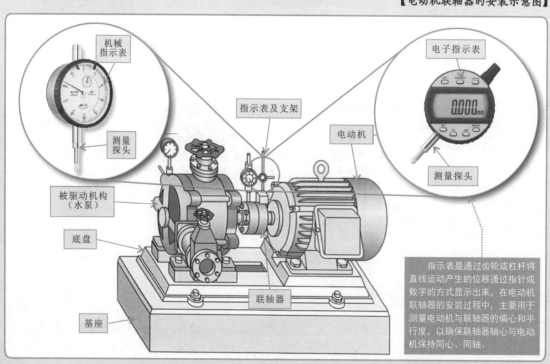

机械指示表

测量探头

指示表及支架

电子指示表

电动机

测量探头

被驱动机构（水泵）

底盘

联轴器

基座

　　指示表是通过齿轮或杠杆将直线运动产生的位移通过指针或数字的方式显示出来，在电动机联轴器的安装过程中，主要用于测量电动机与联轴器的偏心和平行度，以确保联轴器轴心与电动机保持同心、同轴。

　　联轴器是由两个法兰盘构成的，一个法兰盘与电动机轴固定，另一个法兰盘与水泵轴固定，将电动机与水泵轴调整到轴线位于一条直线后，再将两个法兰盘用螺栓固定为一体进行动力的转动。

【电动机与水泵的连接示意图】

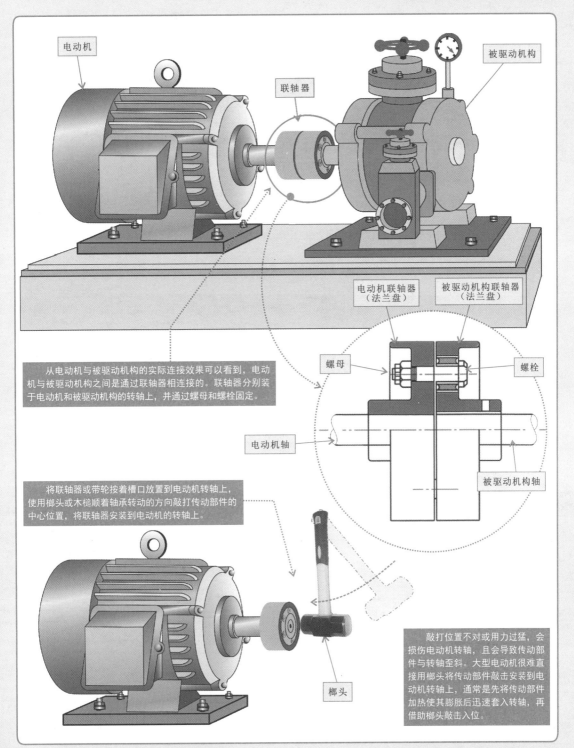

电动机

联轴器

被驱动机构

电动机联轴器
（法兰盘）

被驱动机构联轴器
（法兰盘）

螺母

螺栓

电动机轴

被驱动机构轴

　　从电动机与被驱动机构的实际连接效果可以看到，电动机与被驱动机构之间是通过联轴器相连接的。联轴器分别装于电动机和被驱动机构的转轴上，并通过螺母和螺栓固定。

　　将联轴器或带轮按着槽口放置到电动机转轴上，使用榔头或木槌顺着轴承转动的方向敲打传动部件的中心位置，将联轴器安装到电动机的转轴上。

榔头

　　敲打位置不对或用力过猛，会损伤电动机转轴，且会导致传动部件与转轴歪斜。大型电动机很难直接用榔头将传动部件敲击安装到电动机转轴上，通常是先将传动部件加热使其膨胀后迅速套入转轴，再借助榔头敲击入位。

联轴器是连接电动机和被驱动机构的关键机械部件。该结构中，必须要求电动机的轴心与被驱动机构（水泵）的转轴保持同心、同轴。如果偏心过大，则会对电动机或水泵机构有较大的损害，并会引起机械振动。因此，在安装联轴器时，必须同时调整电动机的位置，使偏心度和平行度符合设计要求。

【联轴器的连接与精密调整示意图】

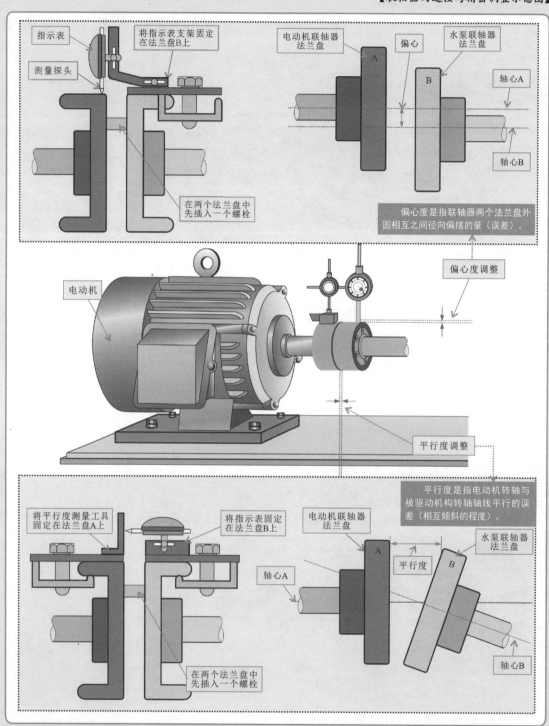

特别提醒

　　偏心度调整时，将指示表的测量探头平行延伸到法兰盘A上，使用法兰盘B测量法兰盘A外圆在转动一周时的跳动量（误差值），同时，对电动机的安装垫板进行微调，使误差在允许的范围内。注意，偏度为指示表读数的1/2。

　　进行平行度调整时，将指示表的测量探头平行延伸到法兰盘A固定的平行度测量工具上，使用法兰盘B测量法兰盘A端面，在转动一周时的跳动量（误差值），同时，对电动机的安装垫板进行微调，使误差在允许的范围内。

　　若在安装联轴器过程中没有指示表等精密测量工具，则可通过量规和测量板对两法兰盘的偏心度和平行度进行简易地调整，使其符合联轴器的安装要求。

【联轴器偏心度误差的简易调整方法】

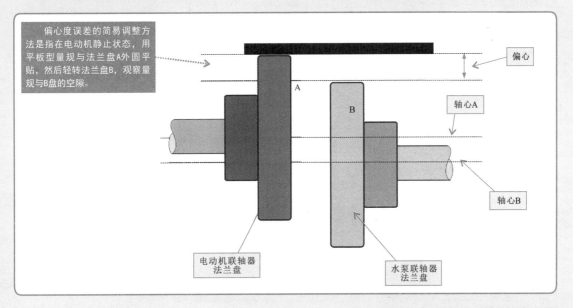

【联轴器平行度误差的简易调整方法】

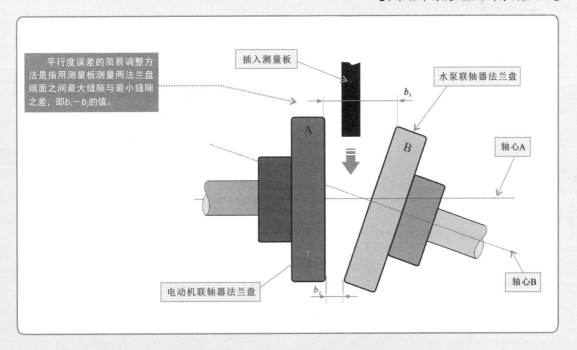

5.3.2 电动机的电气安装

电动机的电气安装实际是指电动机的接线操作。接下来，我们将从电动机的铭牌标识入手，结合实际不同类型的电动机对其命名、标注及连接方式进行系统地介绍，使学习者对电动机各种参数有深刻的理解。

然后，我们将以典型电动机的电气安装作为实训案例，结合实际电动机展开演示教学，让大家在学习电动机电气安装过程中，了解电动机的安装步骤、注意事项以及安装后的检验方法，最终掌握电动机的电气安装技能。

1. 电动机的铭牌标识

电动机的铭牌是电动机的主要标识，一般位于电动机外壳比较明显的位置，标识着电动机的主要技术参数，为选择、安装、使用和维修提供重要依据。

【电动机铭牌标识的位置】

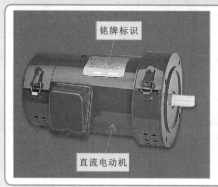

特别提醒

对电动机的识读主要是指通过铭牌的标识信息识别出电动机的所属类型、可适用的场合、应用的环境及基本的电气参数，学会识读这些信息是进行电动机应用、检测、维修、调试等操作环节中最基本的要求。

直流电动机的各种参数一般都标识在铭牌上，包括直流电动机的型号、额定电压、额定电流、额定转速等相关规格参数。

【典型直流电动机铭牌及识读方法】

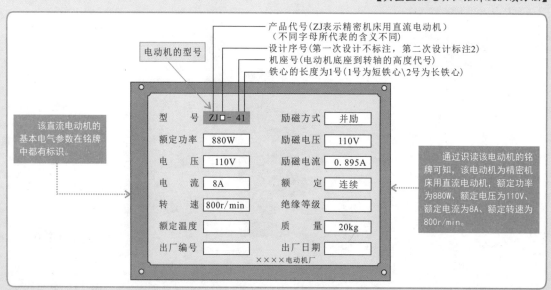

　　从电动机的外观上一般无法直接判断属于哪种类型，但如果这种电动机工作时采用的是直流电源供电，则一定是直流电动机，这是从大范围内先确定它的主要类型，然后可以从电动机铭牌标识或应用场合进行进一步细分。

　　在通常情况下，在直流电动机外壳铭牌上会有一些明显的标识，如直流电动机的型号、额定电压、额定电流、额定转速等相关参数，从直流电动机的型号可以对其类型做进一步确认。

【典型直流电动机型号标识中各种符号的含义】

字母代号	含义	字母代号	含义	字母代号	含义
Z	直流电动机	ZHW	无换向器式	ZZF	轧机辅传动用
ZK	高速直流电动机	ZX	空心杯式	ZDC	电铲起重用
ZYF	幅压直流电动机	ZN	印刷绕组式	ZZJ	冶金起重用
ZY	永磁（铝镍钴）式	ZYJ	减速永磁式	ZZT	轴流式通风用
ZYT	永磁（铁氧体）式	ZYY	石油井下用永磁式	ZDZY	正压型
ZYW	稳速永磁（铝镍钴）式	ZJZ	静止整流电源供电用	ZA	增安型
ZTW	稳速永磁（铁氧体）式	ZJ	精密机床用	ZB	防爆型
ZW	无槽直流电动机	ZTD	电梯用	ZM	脉冲直流电动机
ZZ	轧机主传动直流电动机	ZU	龙门刨床用	ZS	试验用
ZLT	他励直流电动机	ZKY	空气压缩机用	ZL	录音机用永磁式
ZLB	并励直流电动机	ZWJ	挖掘机用	ZCL	电唱机永磁式
ZLC	串励直流电动机	ZKJ	矿场卷扬机用	FZ	纺织用
ZLF	复励直流电动机	ZG	辊道用		

特别提醒

　　电动机有多种类型，铭牌标识也是各式各样的。在实际应用中有各种各样的电动机，这些电动机除了型号标识外，其他的基本电气参数信息都直接标注，识读比较简单。如果型号不符合基本的命名规则，可以找到该电动机的生产厂家资料，根据不同生产厂家自身的一些命名方式进行识读。另外，如果知道电动机的应用场合，也可以从其功能入手，查阅相关资料来获取型号命名的规则。

　　例如，从一台很旧的录音机上拆下一只微型电动机，型号为"36L52"。经查阅资料可知，在一些录音机等电子产品中，其型号中包含如下四个部分。

　　● 第一部分为机座号，表示电动机外壳的直径，主要有20mm、28mm、34mm、36mm等。
　　● 第二部分为产品名称，用字母标识，表示电动机适用的场合。
　　● 第三部分为电动机的性能参数，用数字标识。其中，01～49表示机械稳速电动机；51～99表示电子稳速电动机。
　　● 第四部分为电动机结构派生代号，字母标识，可省略。

　　因此，可知该电动机型号"36L52"的含义为"36"表示电动机外壳直径为36mm；"L"表示录音机用直流电动机；"52"表示该电动机为电子稳速式直流电动机。

交流电动机中单相交流电动机与三相交流电动机的铭牌标识有所区别，可以分别对单相交流电动机和三相交流电动机的参数进行识别。

不同的单相交流电动机的规格参数有所不同，各参数均标识在单相交流电动机的铭牌上，并贴在电动机较明显的部位，便于使用者了解该电动机的相关参数。

【典型单相交流电动机上的铭牌及识读方法】

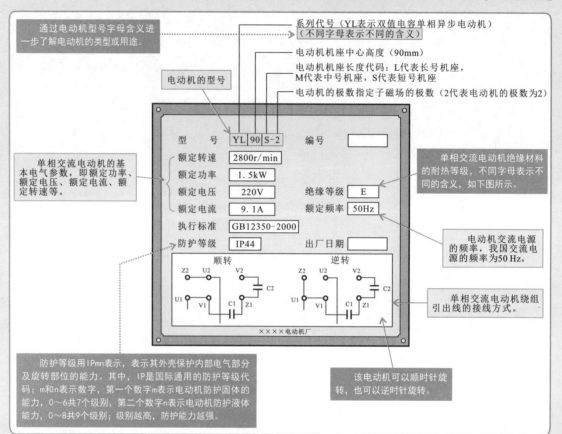

【典型单相交流电动机型号标识中各种符号的含义】

系列代号与含义		防护等级（IPmn）			
字母代号	含义	m值	防护固体能力	n值	防护液体能力
YL	双值电容单相异步电动机	0	没有防护措施	0	没有专门的防护措施
YY	单相电容运转异步电动机	1	防护物体直径为50mm	1	可防护滴水
YC	单相电容启动异步电动机	2	防护物体直径为12mm	2	水平方向15°滴水
绝缘等级		3	防护物体直径为2.5mm	3	60°方向内的淋水
代码	耐热温度	4	防护物体直径为1mm	4	可任何方向溅水
E	120℃	5	防尘	5	可防护一定压力的喷水
B	130℃			6	可防护一定强度的喷水
F	155℃	6	严密防尘	7	可防护一定压力的浸水
H	180℃			8	可防护长期浸在水里

三相交流电动机的各种规格参数也标识在电动机的铭牌上，包含型号、额定功率、额定电压、额定电流、额定频率、额定转速、噪声等级、接线方法、防护等级、绝缘等级、工作制等。

【典型三相交流电动机上的铭牌及识读方法】

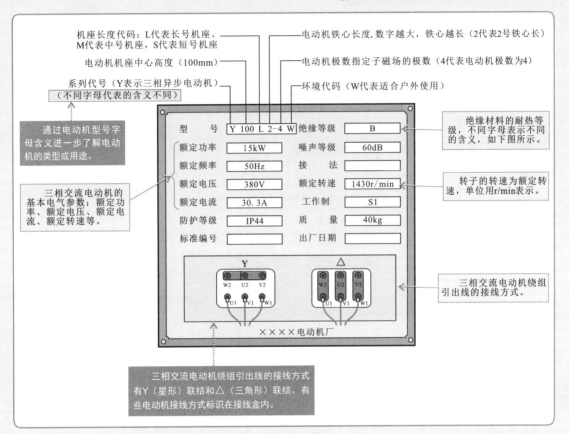

【典型三相交流电动机型号标识中各种符号的含义】

字母代号	含义	字母代号	含义		含义
Y	基本系列	YBS	隔爆型运输用		高压屏蔽式
YA	增安型	YBT	隔爆型轴流局部扇风机		泥浆屏蔽式
YACJ	增安型齿轮减速	YBTD	隔爆型电梯用		制冷屏蔽式
YACT	增安型电磁调整	YBY	隔爆型链式运输用		特殊屏蔽式
YAD	增安型多速	YBZ	隔爆型起重用		高起动转矩
YADF	增安型电动阀门用	YBZD	隔爆型起重用多速		井用潜卤
YAH	增安型高转差率	YBZS	隔爆型起重用双速		井用（充水式）潜水
YAQ	增安型高起动转矩	YBU	隔爆型掘进机用		井用（充水式）高压潜水
YAR	增安型绕线转子	YBUS	隔爆型掘进机用冷水		井用（充油式）高压潜水
YATD	增安型电梯用	YBXJ	隔爆型摆线针轮减速		井用潜油

【典型三相交流电动机型号标识中各种符号的含义（续）】

字母代号	含义	字母代号	含义	字母代号	含义
YB	隔爆型	YCJ	齿轮减速	YR	绕线转子
YBB	耙斗式装岩机用隔爆型	YCT	电磁调速	YRL	绕线转子立式
YBCJ	隔爆型齿轮减速	YD	多速	YS	分马力
YBCS	隔爆型采煤机用	YDF	电动阀门用	YSB	电泵（机床用）
YBCT	隔爆型电磁调速	YDT	通风机用多速	YSDL	冷却塔用多速
YBD	隔爆型多速	YEG	制动（杠杆式）	YSL	离合器用
YBDF	隔爆型电动阀门用	YEJ	制动（附加制动器式）	YSR	制冷机用耐氟
YBEG	隔爆型杠杆式制动	YEP	制动（旁磁式）	YTD	电梯用
YBEJ	隔爆型旁磁式制动	YEZ	锥形转子制动	YTTD	电梯用多速
YBEP	隔爆型旁磁式制动	YG	辊道用	YUL	装入式
YBGB	隔爆型管道泵用	YGB	管道泵用	YX	高效率
YBH	隔爆型高转差率	YGT	滚筒用	YXJ	摆线针轮减速
YBHJ	隔爆型回柱绞车用	YH	高滑差	YZ	冶金及起重
YBI	隔爆型装岩机用	YHJ	行星齿轮减速	YZC	低振动、低噪声
YBJ	隔爆型绞车用	YI	装煤机用	YZD	冶金及起重用多速
YBK	隔爆型矿用	YJI	谐波齿轮减速	YZE	冶金及起重用制动
YBLB	隔爆型立交深井泵用	YK	大型高速	YZJ	冶金及起重减速
YBPG	隔爆型高压屏蔽式	YLB	立式深井泵用	YZR	冶金及起重用绕线转子
YBPJ	隔爆型泥浆屏蔽式	YLJ	力矩	YZRF	冶金及起重用绕线转子（自带风机式）
YBPL	隔爆型制冷屏蔽式	YLS	立式	YZRG	冶金及起重用绕线转子（管道通风式）
YBPT	隔爆型特殊屏蔽式	YM	木工用	YZRW	冶金及起重用涡流制动绕线转子
YBQ	隔爆型高起动转矩	YNZ	耐振用	YZS	低振动精密机床用
YBR	隔爆型绕线转子	YOJ	石油井下用	YZW	冶金及起重用涡流制动
		YP	屏蔽式		

【典型三相交流电动机工作制代号的含义】

字母代号	含义	字母代号	含义
S1	长期工作制：在额定负载下连续运行	S9	非周期工作制
S2	短时工作制：短时间运行到标准时间	S10	离散恒定负载工作制
S3~S8	不同情况断续周期工作制		

下面列举一个例子，大家可根据所学的知识，自己读读看，是否能够准确识别出该电动机的类型和铭牌信息。下图为两台电动机的实物外形及铭牌信息，大家可根据图中铭牌识别其所属类型和参数信息。

【电动机铭牌标识的位置】

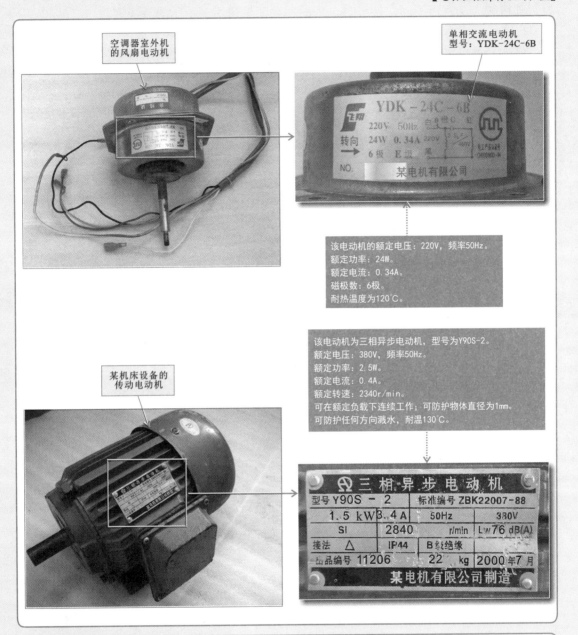

空调器室外机的风扇电动机

单相交流电动机
型号：YDK-24C-6B

YDK-24C-6B
220V 50Hz
转向 24W 0.34A 220V
→ 6级 E级

该电动机的额定电压：220V，频率50Hz。
额定功率：24W。
额定电流：0.34A。
磁极数：6极。
耐热温度为120℃。

该电动机为三相异步电动机，型号为Y90S-2。
额定电压：380V，频率50Hz。
额定功率：2.5W。
额定电流：0.4A。
额定转速：2340r/min。
可在额定负载下连续工作；可防护物体直径为1mm。
可防护任何方向溅水，耐温130℃。

某机床设备的传动电动机

三相异步电动机

型号 Y90S - 2		标准编号 ZBK22007-88	
1.5 kW	3.4 A	50Hz	380V
SI	2840	r/min	Lw 76 dB(A)
接法 △	IP44	B级绝缘	
出品编号 11206	22 kg	2000 年7月	

某电机有限公司制造

特别提醒

　　上图中，各项电气参数已经标识出来，直接识读即可。额定电压为220V，表明其为单相交流电动机。绝缘等级为E级，查表可知，耐热温度为120℃。

　　下图中，各项电气参数已经标识出来，直接识读即可。工作中制式为S1，查表可知，该电动机属于长期工作制，可在额定负载下连续工作；防护等级为IP44、绝缘等级为B级，查表即可。型号为Y90S-2，表示该电动机为普通的三相异步电动机，轴心到机座的高度为90mm，短号机座，磁极数为2。

2. 电动机的电气安装

电动机的电气安装实际上是指电动机绕组与电源线的连接。不同供电方式的电动机，其接线方法有所不同，接线时，可根据电动机说明书所示的接线方法进行接线。下面以典型三相交流电动机为例，介绍一下这类电动机的电气安装方法。

掌握正确电动机的电气安装方法，对于准确、高效地安装电动机，以及提高工作效率十分关键。在进行电动机的电气安装操作之前，应首先了解并熟悉其基本的安装流程。根据产品型号、规格及性能的不同，电动机的内部结构虽然存在细微差异，但基本的电气安装流程十分相似，这里我们从维修角度，将电动机的电气安装划分成5个环节。

【电动机的电气安装流程图】

普通三相交流电动机一般将三相绕组的端子共6根导线引出到接线盒内。该供电方式电动机的接线方法一般有两种，即星形（Y）联结和三角形（△）联结。

【典型三相交流电动机的接线方法图】

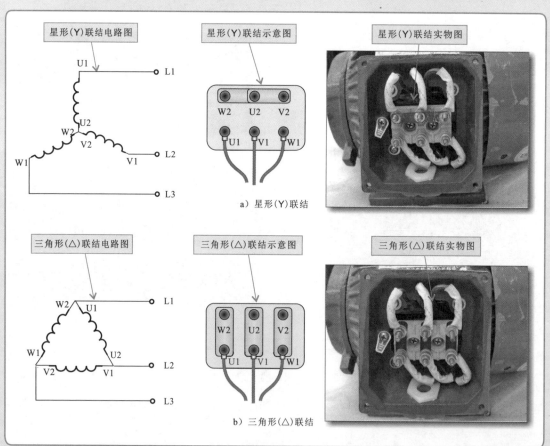

　　电动机的旋转方向与电源相序有关，正确的旋转方向是按电源相序与电动机绕组相序相同的前提下提出的。因此在进行电动机电气安装时，需使用相序仪确定正确的电源相序并进行标记。

【确定电源相序的方法】

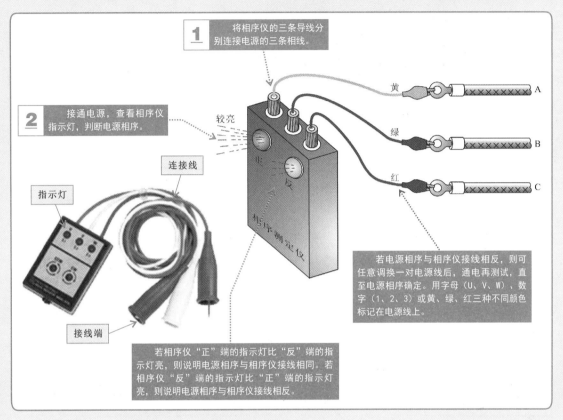

1 将相序仪的三条导线分别连接电源的三条相线。

2 接通电源，查看相序仪指示灯，判断电源相序。

较亮

黄　A
绿　B
红　C

连接线

指示灯

接线端

若电源相序与相序仪接线相反，则可任意调换一对电源线后，通电再测试，直至电源相序确定。用字母（U、V、W）、数字（1、2、3）或黄、绿、红三种不同颜色标记在电源线上。

若相序仪"正"端的指示灯比"反"端的指示灯亮，则说明电源相序与相序仪接线相同。若相序仪"反"端的指示灯比"正"端的指示灯亮，则说明电源相序与相序仪接线相反。

　　电源相序确定完成并做好标记后，需使用直流毫安表或万用表确定电动机绕组的相序，以保证电动机与三相电源的正确接线。

【确定电动机绕组相序的方法】

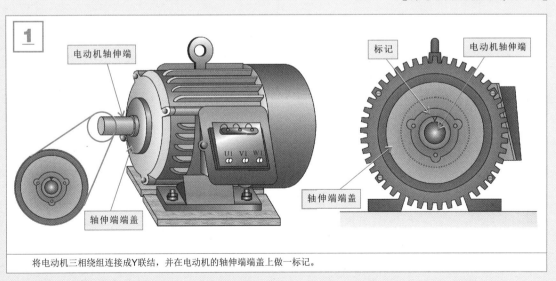

1

电动机轴伸端

连接线

指示灯

接线端

U1　V1　W1

标记

电动机轴伸端

轴伸端端盖

轴伸端端盖

将电动机三相绕组连接成Y联结，并在电动机的轴伸端端盖上做一标记。

2

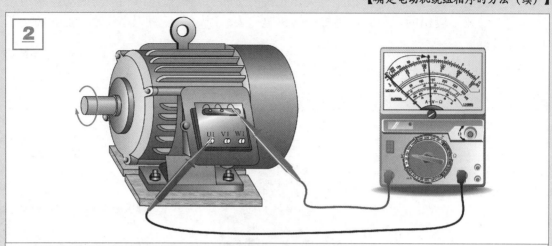

将万用表量程调整至直流挡，用万用表表笔分别连接中性点和U1端，顺时针转动轴伸端。

3

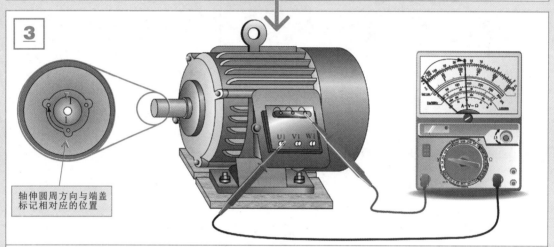

轴伸圆周方向与端盖
标记相对应的位置

在电动机转动一周时，记下万用表指针从0开始向正方向摆动时轴伸圆周方向与端盖标记相对应的位置，如标记数字"1"。

4

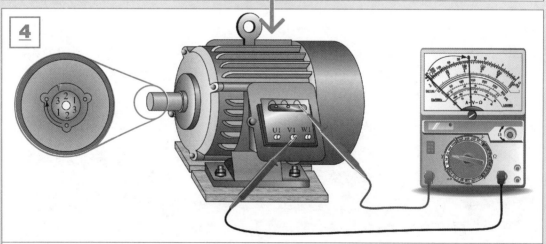

再将表笔连接到电动机的中性点和V1端，用上述的方法标记数字"2"；将表笔连接电动机的中性点和W1端，重复上述的操作方法，并标记数字"3"。

【确定电动机绕组相序的方法（续）】

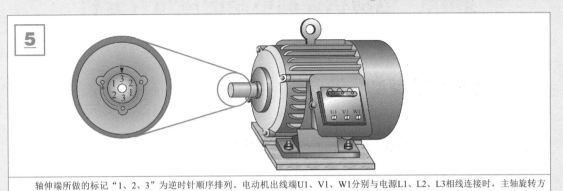

轴伸端所做的标记"1、2、3"为逆时针顺序排列。电动机出线端U1、V1、W1分别与电源L1、L2、L3相线连接时，主轴旋转方向应为顺时针，反之则为逆时针。

确定好电源线和电动机绕组相序后，便对电源线与电动机绕组进行连接了，连接时，应保证接线牢固。

【电源线与电动机的连接方法】

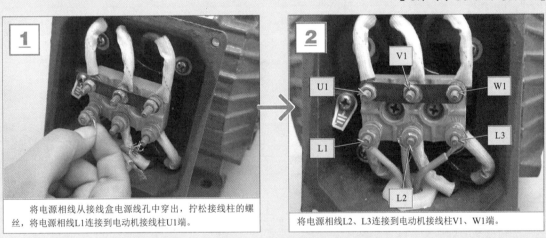

将电源相线从接线盒电源线孔中穿出，拧松接线柱的螺丝，将电源相线L1连接到电动机接线柱U1端。

将电源相线L2、L3连接到电动机接线柱V1、W1端。

电动机的电气安装完成后，需要通电检查起动和转向是否正常。按预先连接的电源线（Y联结或△联结）接通电源，并用钳形电流表测量电源线的电流。通电后，查看电动机起动电流值和轴的旋转方向是否正常。

【连接后的检验方法】

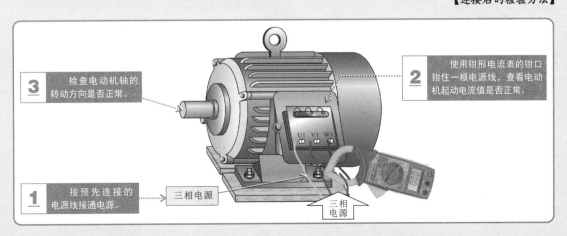

3 检查电动机轴的转动方向是否正常。

2 使用钳形电流表的钳口钳住一根电源线，查看电动机起动电流值是否正常。

1 按预先连接的电源线接通电源。　三相电源

三相电源

第6章 电动机控制电路的应用与分析

6.1 电动机控制电路的应用

6.1.1 电动机控制电路的主要部件

　　电动机控制电路可实现多种多样的功能，如电动机的起动、运转、变速、制动和停机等。不同的电动机控制电路所选用的控制器件、电动机以及功能部件基本相同，但根据选用部件数量的不同以及对不同部件间的不同组合，加之电路上的连接差异，从而实现了对电动机不同工作状态的控制。

【典型电动机控制电路】

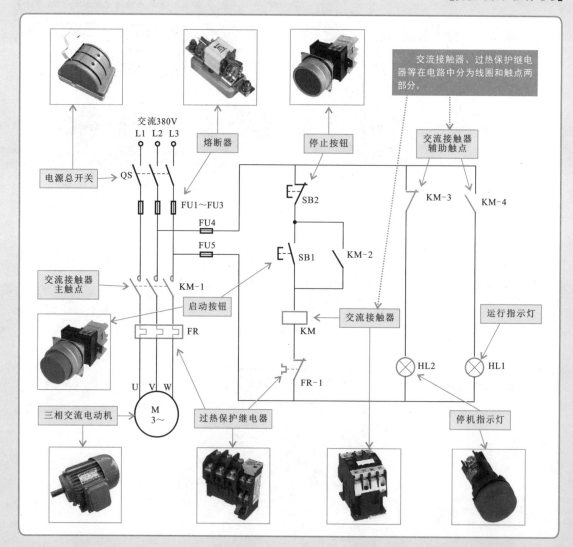

1. 控制开关

控制开关是指对电动机控制电路发出操作指令的电器设备，具有接通与断开电路的功能，在电动机控制电路中常见的开关有电源总开关、按钮、组合开关和限位开关等。

【按钮】

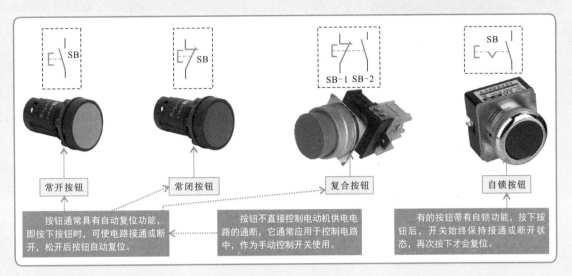

常开按钮　　　常闭按钮　　　复合按钮　　　自锁按钮

按钮通常具有自动复位功能，即按下按钮时，可使电路接通或断开，松开后按钮自动复位。

按钮不直接控制电动机供电电路的通断，它通常应用于控制电路中，作为手动控制开关使用。

有的按钮带有自锁功能，按下按钮后，开关始终保持接通或断开状态，再次按下才会复位。

特别提醒

常开按钮在电动机控制电路中常用作启动按钮，操作前触点是断开的，手指按下时触点闭合；手指放松后，触点自动复位。

常闭按钮在电动机控制电路中常用作停机按钮，操作前触点是闭合的，当手指按下时，触点断开；放松后，触点自动复位。

复合按钮在电动机控制电路中常用作正反转控制或高低速控制按钮使用，其内部设有常开和常闭两组触点，操作前有一组触点是闭合的，另一组触点是断开的。当按下按钮时，闭合的触点断开，而断开的触点闭合，松开按钮后，两组触点全部自动复位。

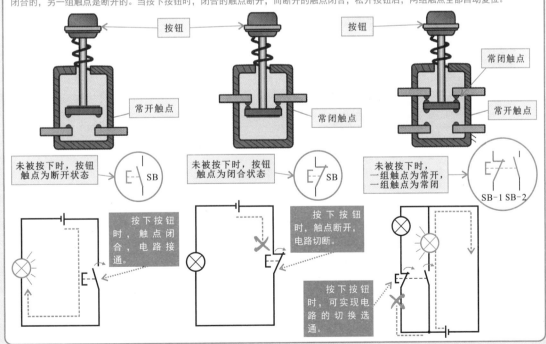

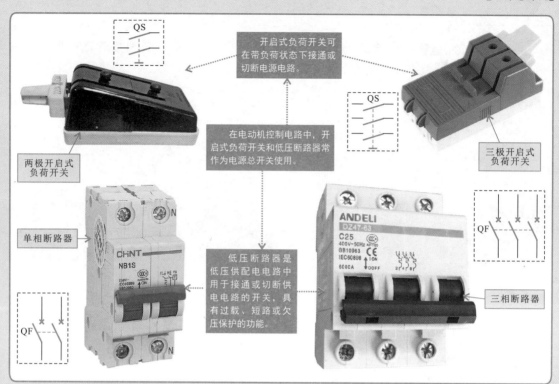

开启式负荷开关可在带负荷状态下接通或切断电源电路。

在电动机控制电路中，开启式负荷开关和低压断路器常作为电源总开关使用。

低压断路器是低压供配电电路中用于接通或切断供电电路的开关，具有过载、短路或欠压保护的功能。

两极开启式负荷开关

三极开启式负荷开关

单相断路器

三相断路器

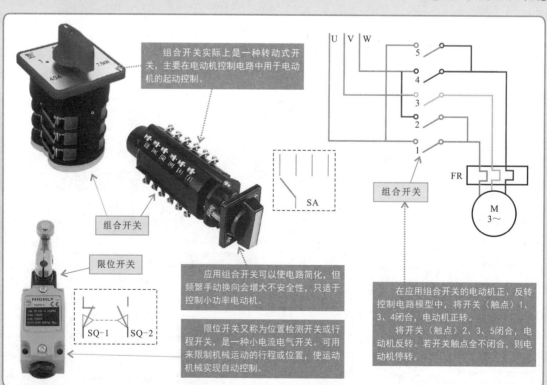

组合开关实际上是一种转动式开关，主要在电动机控制电路中用于电动机的起动控制。

组合开关

限位开关

应用组合开关可以使电路简化，但频繁手动换向会增大不安全性，只适于控制小功率电动机。

限位开关又称为位置检测开关或行程开关，是一种小电流电气开关。可用来限制机械运动的行程或位置，使运动机械实现自动控制。

在应用组合开关的电动机正、反转控制电路模型中，将开关（触点）1、3、4闭合，电动机正转。
将开关（触点）2、3、5闭合，电动机反转。若开关触点全不闭合，则电动机停转。

 2. 熔断器

　　熔断器是在电流超过规定值一段时间后，以其自身产生的热量使熔体熔化，从而使电路断开，起到短路、过载保护的作用。

【熔断器】

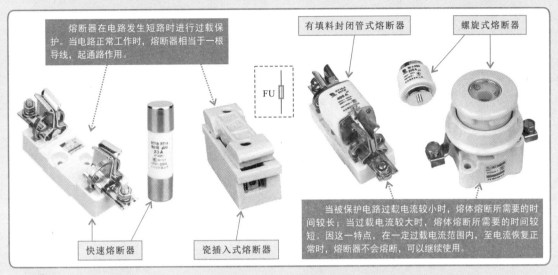

熔断器在电路发生短路时进行过载保护。当电路正常工作时，熔断器相当于一根导线，起通路作用。

FU

有填料封闭管式熔断器

螺旋式熔断器

当被保护电路过载电流较小时，熔体熔断所需要的时间较长；当过载电流较大时，熔体熔断所需要的时间较短。因这一特点，在一定过载电流范围内，至电流恢复正常时，熔断器不会熔断，可以继续使用。

快速熔断器

瓷插入式熔断器

 3. 继电器

　　继电器是一种根据外界输入量来控制电路"接通"或"断开"的自动电气部件。当输入量的变化达到规定要求时，在电气输出电路中，使控制量发生预定的阶跃变化。该元器件在电动机控制电路中应用较为广泛。

【中间继电器和过热保护继电器】

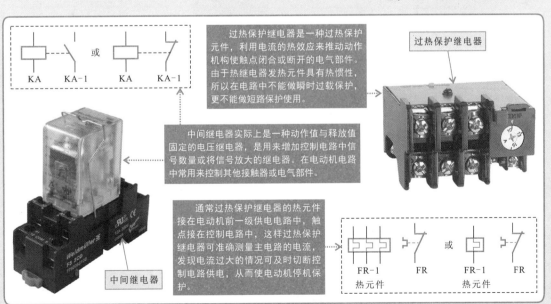

KA　　KA-1　　　KA　　KA-1

或

过热保护继电器是一种过热保护元件，利用电流的热效应来推动动作机构使触点闭合或断开的电气部件。由于热继电器发热元件具有热惯性，所以在电路中不能做瞬时过载保护，更不能做短路保护使用。

过热保护继电器

中间继电器实际上是一种动作值与释放值固定的电压继电器，是用来增加控制电路中信号数量或将信号放大的继电器。在电动机电路中常用来控制其他接触器或电气部件。

中间继电器

通常过热保护继电器的热元件接在电动机前一级供电电路中，触点接在控制电路中，这样过热保护继电器可准确测量主电路的电流，发现电流过大的情况可及时切断控制电路供电，从而使电动机停机保护。

FR-1　　　FR　　　　FR-1　　　FR

或

热元件　　　　　　　　热元件

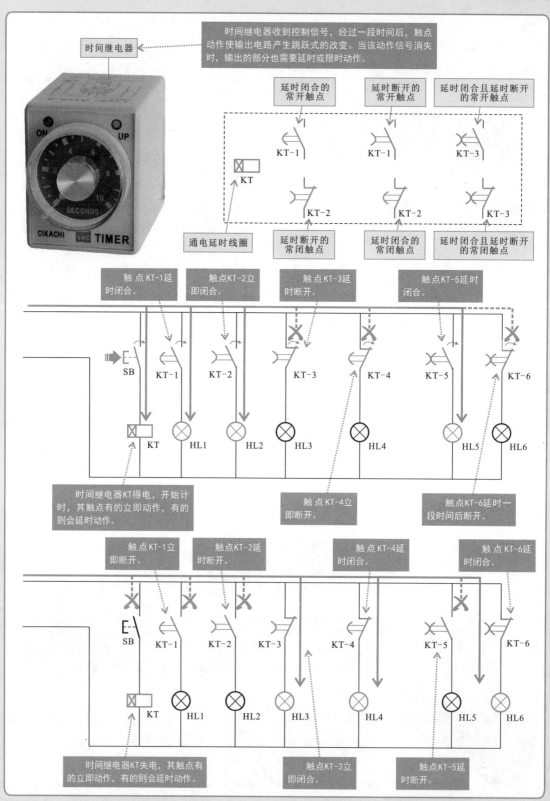

【电压继电器、电流继电器】

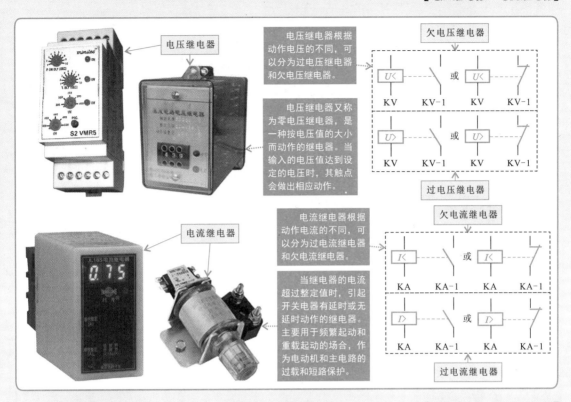

电压继电器根据动作电压的不同，可以分为过电压继电器和欠电压继电器。

电压继电器又称为零电压继电器，是一种按电压值的大小而动作的继电器。当输入的电压值达到设定的电压时，其触点会做出相应动作。

电流继电器根据动作电流的不同，可以分为过电流继电器和欠电流继电器。

当继电器的电流超过整定值时，引起开关电器有延时或无延时动作的继电器。主要用于频繁起动和重载起动的场合，作为电动机和主电路的过载和短路保护。

【速度继电器、压力继电器】

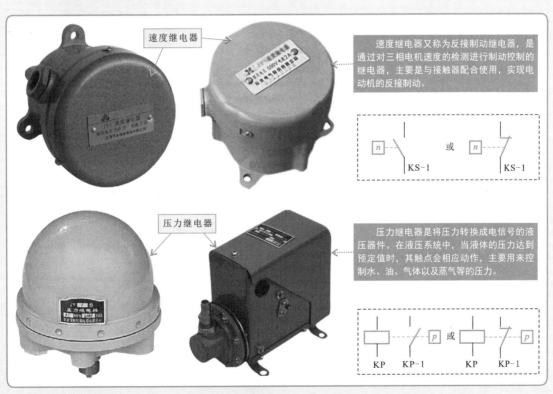

速度继电器又称为反接制动继电器，是通过对三相电机速度的检测进行制动控制的继电器，主要是与接触器配合使用，实现电动机的反接制动。

压力继电器是将压力转换成电信号的液压器件。在液压系统中，当液体的压力达到预定值时，其触点会相应动作，主要用来控制水、油、气体以及蒸气等的压力。

4. 接触器

接触器是一种由电压控制的开关装置，也称为电磁开关。它是通过电磁机构的动作频繁接通和断开电路供电的装置，适用于频繁地接通和断开的交直流电路系统中。按照其电源类型的不同，接触器可分为交流接触器和直流接触器两种。

【接触器】

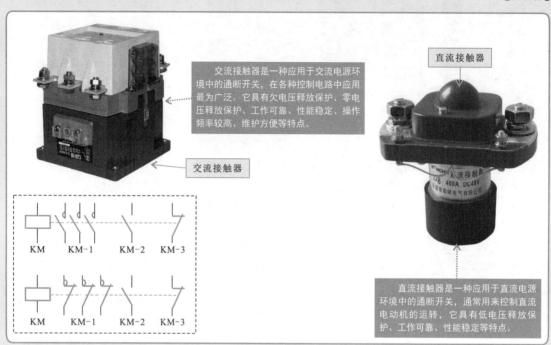

交流接触器是一种应用于交流电源环境中的通断开关，在各种控制电路中应用最为广泛。它具有欠电压释放保护、零电压释放保护、工作可靠、性能稳定、操作频率较高、维护方便等特点。

交流接触器

直流接触器

直流接触器是一种应用于直流电源环境中的通断开关，通常用来控制直流电动机的运转，它具有低电压释放保护、工作可靠、性能稳定等特点。

特别提醒

在实际的电路中，由于接触器的特殊作用，它的线圈和触点通常分散在电路图中，在实现电路连接的同时，也可实现某种特定的控制关系。从下图可知，接触器KM的线圈和常开、常闭辅助触点设在控制电路中，主触点设在主电路部分，从位置关系来看，相对较远。识别该类电气部件则需要结合电气标识进行，通常所有起始字母和数字都一致的几个部件属于同一个电气部件，例如，图中的KM-1、KM-2都属于接触器KM的组成部分。当线圈KM得电或失电时，同时带动KM-1、KM-2动作。

当KM得电时，其触点全部动作，KM-1闭合，实现自锁；KM-2闭合，接通三相电源，电动机起动运行。当KM失电时，其触点全部复位，KM-1、KM-2断开，解除自锁，电动机停机。

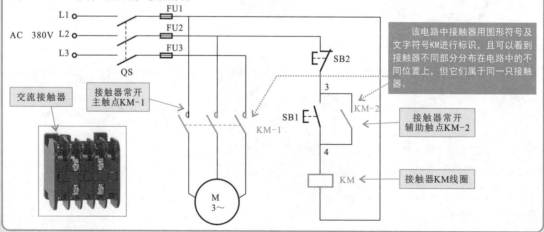

该电路中接触器用图形符号及文字符号KM进行标识，且可以看到接触器不同部分分布在电路中的不同位置上，但它们属于同一只接触器。

接触器常开辅助触点KM-2

接触器KM线圈

交流接触器

接触器常开主触点KM-1

6.1.2 电动机和电气部件的连接关系

在电动机控制电路中，由控制按钮发送人工控制指令，通过接触器、继电器及相应的控制部件控制电动机的起动、停止和运转，指示灯用来指示当前系统的工作状态，保护器件负责电路安全。各电气部件与电动机根据设计需要，按照一定的控制关系连接在一起，从而实现相应的功能。

【典型电动机控制系统】

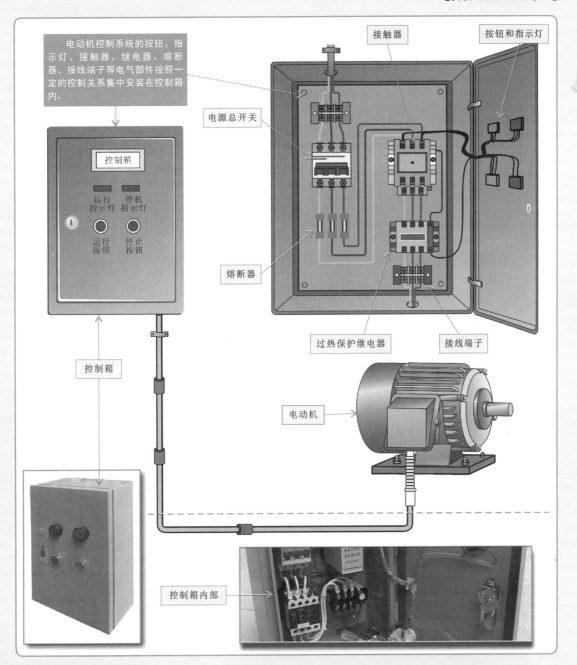

电动机控制系统的按钮、指示灯、接触器、继电器、熔断器、接线端子等电气部件按照一定的控制关系集中安装在控制箱内。

接触器

按钮和指示灯

电源总开关

控制箱

运行指示灯 停机指示灯

运行按钮 停止按钮

熔断器

过热保护继电器

接线端子

电动机

控制箱

控制箱内部

特别提醒

　　电动机的控制电路主要通过各种控制部件、功能部件与电动机各电气部件之间的不同的连接关系，实现对电动机的起动、运转、变速、制动及停止等的控制。从下图中可以清楚地了解电动机控制电路中各主要部件间的连接关系。

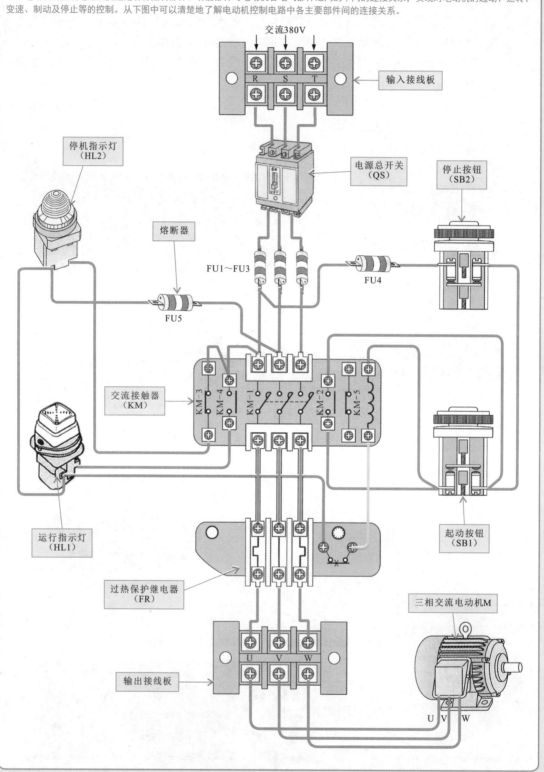

交流380V

输入接线板

停机指示灯（HL2）

电源总开关（QS）

停止按钮（SB2）

熔断器

FU1~FU3

FU4

FU5

交流接触器（KM）

KM-3　KM-4　KM-1　KM-2　KM-5

运行指示灯（HL1）

起动按钮（SB1）

过热保护继电器（FR）

三相交流电动机M

输出接线板

U V W

U V W

6.2 电动机控制电路的分析

第6章

6.2.1 常用直流电动机控制电路的分析

1. 直流电动机起、停控制电路的分析

　　在该电路中，利用两个延时时间不同的时间继电器，依次短接于直流电动机串联的电阻器，使直流电动机起动后，可逐步提速到正常运转速度。

【直流电动机起动过程】

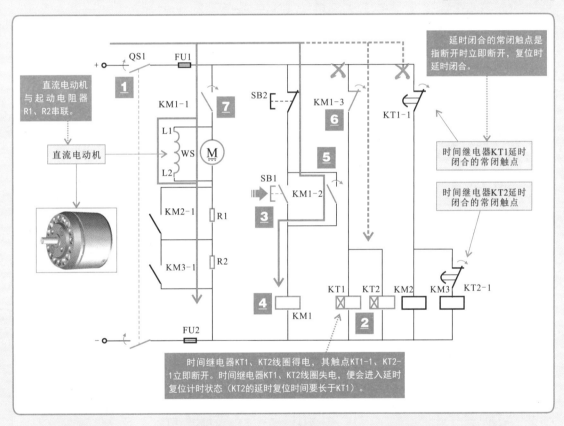

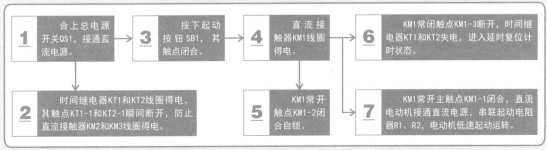

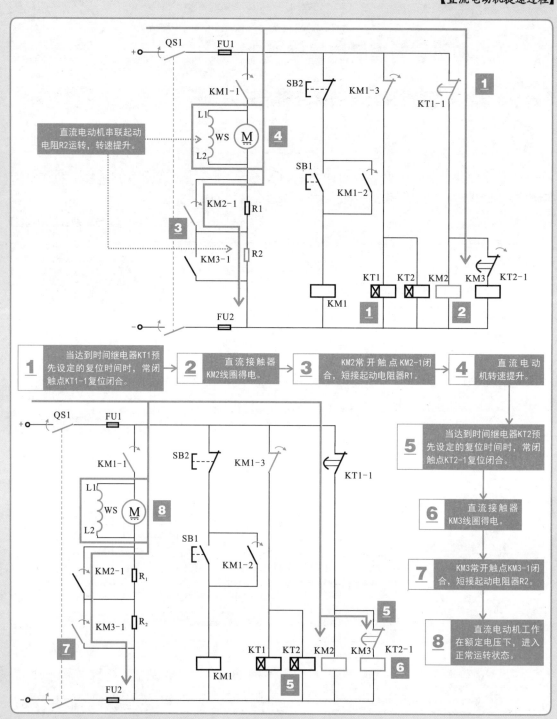

当达到时间继电器KT1预先设定的复位时间时，常闭触点KT1-1复位闭合。

2 直流接触器KM2线圈得电。

3 KM2常开触点KM2-1闭合，短接起动电阻器R1。

4 直流电动机转速提升。

5 当达到时间继电器KT2预先设定的复位时间时，常闭触点KT2-1复位闭合。

6 直流接触器KM3线圈得电。

7 KM3常开触点KM3-1闭合，短接起动电阻器R2。

8 直流电动机工作在额定电压下，进入正常运转状态。

特别提醒

当需要直流电动机停机时，按下停止按钮SB2。直流接触器KM1线圈失电，其常开主触点KM1-1复位断开，切断直流电动机的供电电源，直流电动机停止运转；常开触点KM1-2复位断开，解除自锁功能；常闭触点KM1-3复位闭合，为直流电动机下一次起动做好准备。

2. 直流电动机正反转控制电路的分析

　　直流电动机正反转连续控制电路是通过起动按钮控制直流电动机进行长时间正向运转和反向运转。对该电路进行分析时，先从主要部件的功能和连接关系入手，对控制电路的工作过程进行分析，弄清楚电路的控制细节，完成直流电动机正反转控制电路的分析。

【直流电动机正转工作过程】

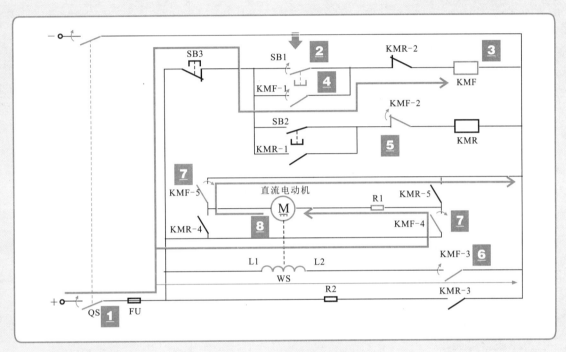

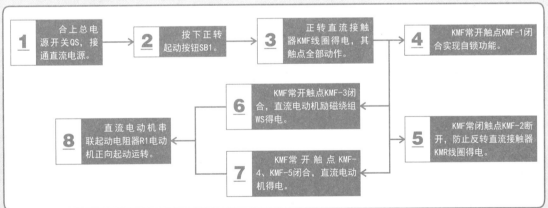

特别提醒

　　直流电动机是由电枢与励磁绕组两部分组成的，直流电动机的电枢为转子，而励磁绕组相当于定子。只有当电枢与励磁绕组同时得电时，才能保证直流电动机运转。

直流电动机电枢

直流电动机励磁绕组

【直流电动机正转停机过程】

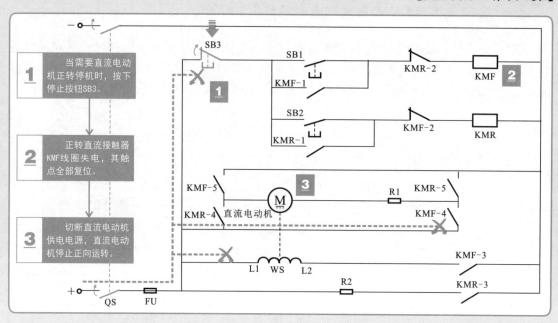

1 当需要直流电动机正转停机时，按下停止按钮SB3。

2 正转直流接触器KMF线圈失电，其触点全部复位。

3 切断直流电动机供电电源，直流电动机停止正向运转。

【直流电动机反转工作过程】

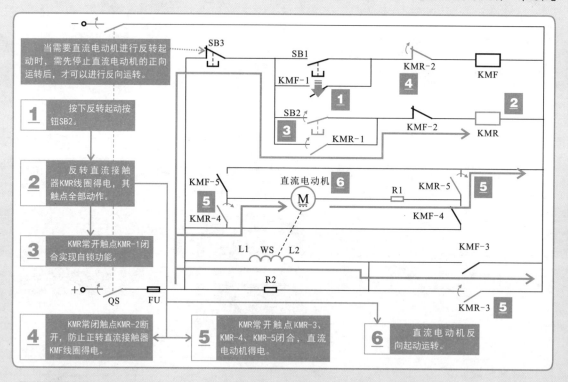

当需要直流电动机进行反转起动时，需先停止直流电动机的正向运转后，才可以进行反向运转。

1 按下反转起动按钮SB2。

2 反转直流接触器KMR线圈得电，其触点全部动作。

3 KMR常开触点KMR-1闭合实现自锁功能。

4 KMR常闭触点KMR-2断开，防止正转直流接触器KMF线圈得电。

5 KMR常开触点KMR-3、KMR-4、KMR-5闭合，直流电动机得电。

6 直流电动机反向起动运转。

特别提醒

　　当直流电动机反转停机时，按下停止按钮SB3。反转直流接触器KMR线圈失电，其常开触点KMR-1复位断开，解除自锁功能；常闭触点KMR-2复位闭合，为直流电动机正转起动做好准备；常开触点KMR-3复位断开，直流电动机励磁绕组WS失电；常开触点KMR-4、KMR-5复位断开，切断直流电动机供电电源，直流电动机停止反向运转。

3.直流电动机调速控制电路的分析

　　直流电动机调速控制电路是一种可在负载不变的情况下，控制直流电动机旋转速度的电路。对该电路进行分析时，先从主要部件的功能和连接关系入手，对控制电路的工作过程进行分析，弄清楚电路的控制细节，从而完成直流电动机调速控制电路的分析。

【直流电动机的工作过程】

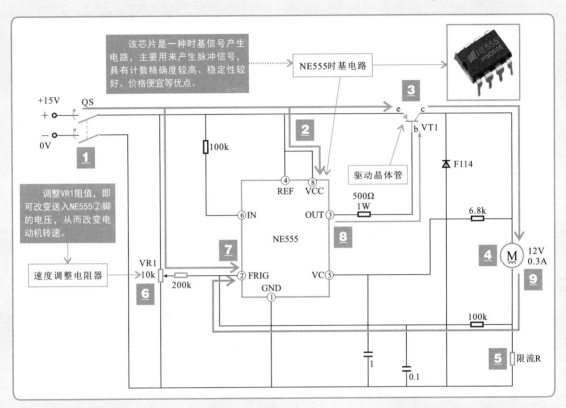

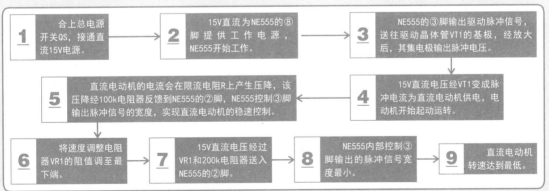

1 合上总电源开关QS，接通直流15V电源。

2 15V直流为NE555的⑧脚提供工作电源，NE555开始工作。

3 NE555的③脚输出驱动脉冲信号，送往驱动晶体管VT1的基极，经放大后，其集电极输出脉冲电压。

5 直流电动机的电流会在限流电阻R上产生压降，该压降经100k电阻器反馈到NE555的②脚，NE555控制③脚输出脉冲信号的宽度，实现直流电动机的稳速控制。

4 15V直流电压经VT1变成脉冲电压为直流电动机供电，电动机开始起动运转。

6 将速度调整电阻器VR1的阻值调至最下端。

7 15V直流电压经过VR1和200k电阻器送入NE555的②脚。

8 NE555内部控制③脚输出的脉冲信号宽度最小。

9 直流电动机转速达到最低。

特别提醒

　　将速度调整电阻器VR1调至最上端，15V直流电压只经过200k电阻器送入NE555的②脚，NE555内部控制③脚输出的脉冲信号宽度最大，直流电动机转速达到最高。需停机时，将电源总开关QS关闭即可。

4.直流电动机能耗制动控制电路的分析

　　直流电动机的能耗制动控制电路是指维持直流电动机的励磁不变，把正在接通电源并具有较高转速的直流电动机电枢绕组从电源上断开，使直流电动机变为发电机，并与外加电阻器连接而成为闭合回路，利用此电路中产生的电流及制动转矩使直流电动机快速停机的电路。

【直流电动机的起动过程】

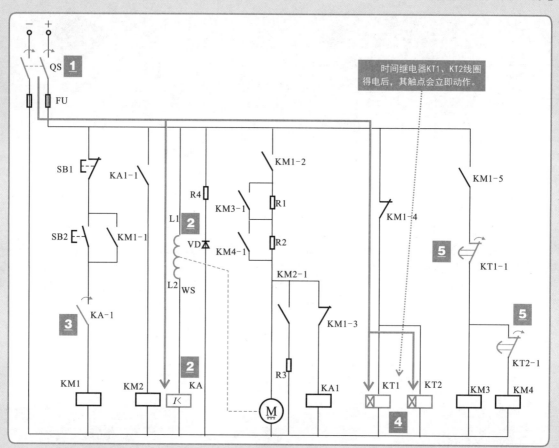

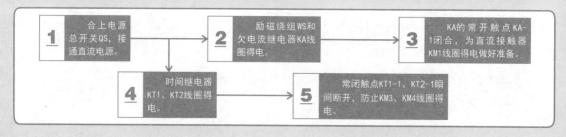

特别提醒

　　对直流电动机能耗制动控制电路进行识读时，应从电路图中各主要部件的功能特点和连接关系入手，对整个控制电路的工作流程进行细致地解析，弄清楚控制电路的工作过程和控制细节，完成直流电动机能耗制动控制电路的识读过程。

【直流电动机的起动过程（续）】

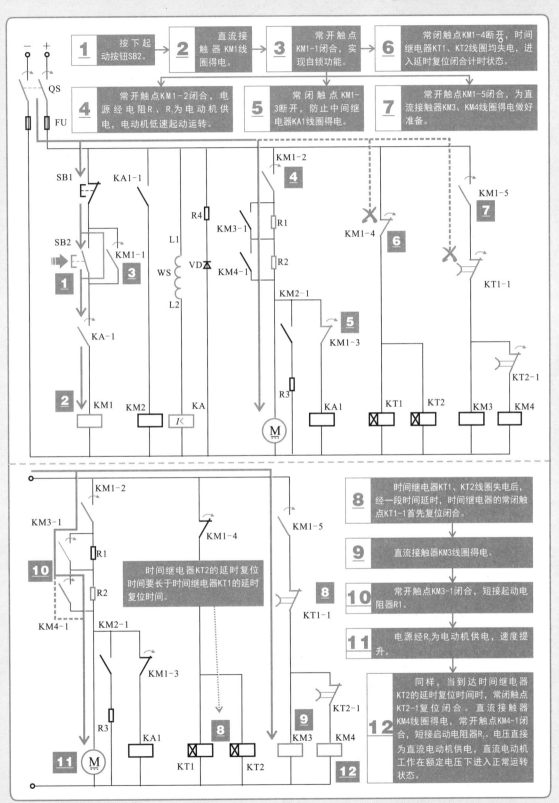

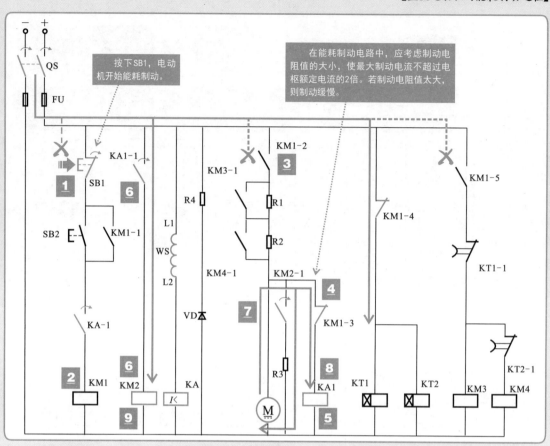

按下SB1,电动机开始能耗制动。

在能耗制动电路中,应考虑制动电阻值的大小,使最大制动电流不超过电枢额定电流的2倍。若制动电阻值太大,则制动缓慢。

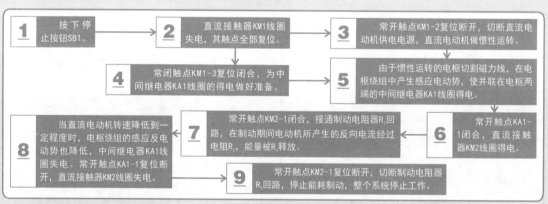

1 按下停止按钮SB1。

2 直流接触器KM1线圈失电,其触点全部复位。

3 常开触点KM1-2复位断开,切断直流电动机供电电源,直流电动机做惯性运转。

4 常闭触点KM1-3复位闭合,为中间继电器KA1线圈的得电做好准备。

5 由于惯性运转的电枢切割磁力线,在电枢绕组中产生感应电动势,使并联在电枢两端的中间继电器KA1线圈得电。

6 常开触点KA1-1闭合,直流接触器KM2线圈得电。

7 常开触点KM2-1闭合,接通制动电阻器R₃回路,在制动期间电动机所产生的反向电流经过电阻R₃,能量被R₃释放。

8 当直流电动机转速降低到一定程度时,电枢绕组的感应反电动势也降低,中间继电器KA1线圈失电。常开触点KA1-1复位断开,直流接触器KM2线圈失电。

9 常开触点KM2-1复位断开,切断制动电阻器R₃回路,停止能耗制动,整个系统停止工作。

特别提醒

直流电动机的能耗制动过程,是将电动机的动能转化为电能并以热能形式消耗在电枢电路的电阻器上。直流电动机制动时,励磁绕组L1、L2两端电压极性不变,因而励磁的大小和方向不变。

此时,由于直流电动机存在惯性,仍会按照直流电动机原来的方向继续旋转,所以电枢反电动势的方向也不变,这时电动机变成了发电机。为了吸收此时所产生的电流,在电枢两端并联一电阻。

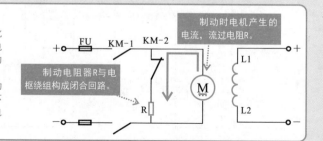

制动时电机产生的电流,流过电阻R。

制动电阻器R与电枢绕组构成闭合回路。

6.2.2 常用交流电动机控制电路的分析

1. 三相交流电动机定子串电阻减压起动控制电路的分析

对三相交流电动机定子串电阻减压起动控制电路进行识读时，应从电路图中各主要部件的功能特点和连接关系入手，对整个控制电路的工作流程进行细致的解析，弄清楚控制电路的工作过程和控制细节，完成交流电动机定子串电阻减压起动控制电路的分析。

【三相交流电动机的减压起动过程】

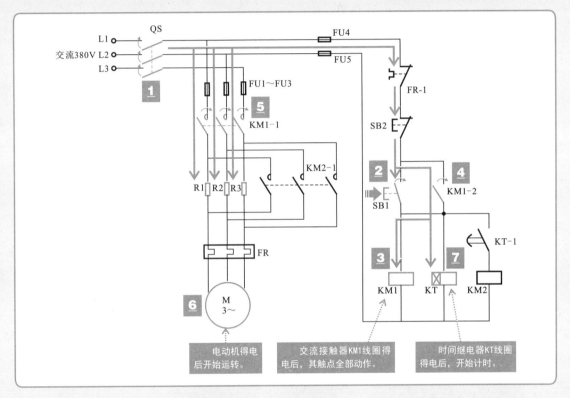

电动机得电后开始运转。

交流接触器KM1线圈得电后，其触点全部动作。

时间继电器KT线圈得电后，开始计时。

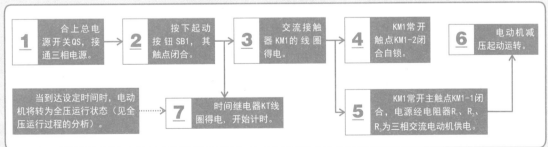

1 合上总电源开关QS，接通三相电源。

2 按下起动按钮SB1，其触点闭合。

3 交流接触器KM1的线圈得电。

4 KM1常开触点KM1-2闭合自锁。

6 电动机减压起动运转。

当到达设定时间时，电动机将转为全压运行状态（见全压运行过程的分析）。

7 时间继电器KT线圈得电，开始计时。

5 KM1常开主触点KM1-1闭合，电源经电阻器R₁、R₂、R₃为三相交流电动机供电。

特别提醒

三相交流电动机定子串电阻降压起动控制电路是指在电动机供电电路中串入电阻，串入的电阻可起到减压限流的作用，使电动机在低压状态下起动，然后再通过将串联的电阻短接的方式，使电动机进入全压运行状态。

【三相交流电动机的全压运行过程】

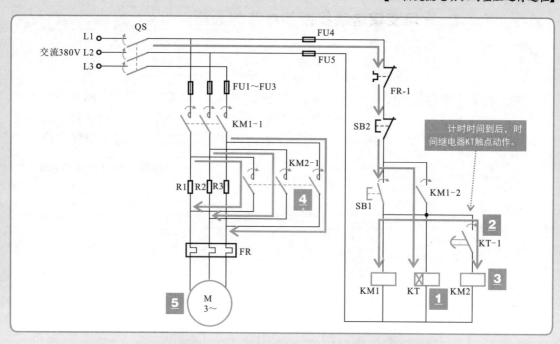

| 1 | 时间继电器KT到达预定时间。 | 2 | KT常开触点KT-1延时闭合。 | 3 | 交流接触器KM2的线圈得电。 | 4 | KM2常开主触点KM2-1闭合，电源直接为三相交流电动机供电。 | 5 | 电动机开始全压运行。 |

【三相交流电动机的停机过程】

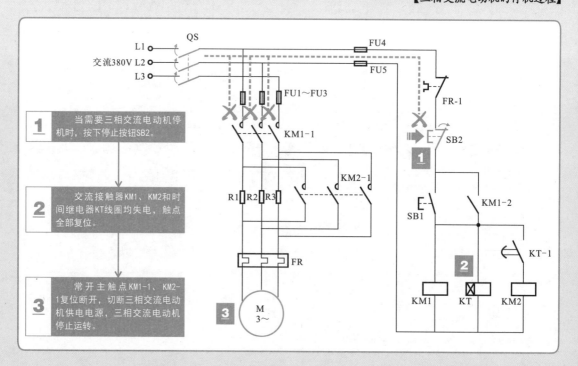

2.三相交流电动机间歇控制电路的分析

三相交流电动机的间歇运行是通过时间继电器进行控制的，通过预先对时间继电器的延迟时间进行设定，从而实现对电动机起动时间和停机时间的控制。

对电动机间歇控制电路进行识读时，应从电路图中各主要部件的功能特点和连接关系入手，对整个控制电路的工作流程进行细致的解析，弄清楚控制电路的工作过程和控制细节，完成电动机间歇控制电路的分析。

【三相交流电动机的起动过程】

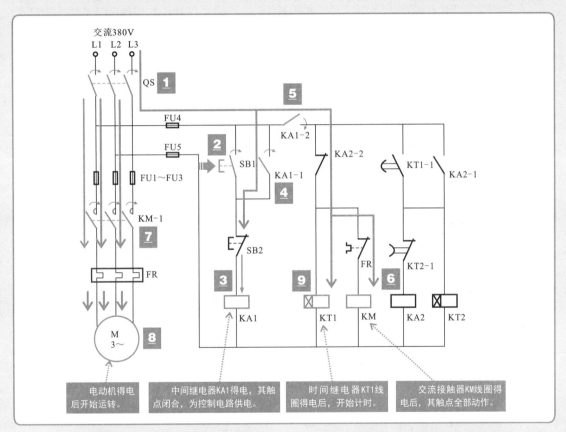

电动机得电后开始运转。

中间继电器KA1得电，其触点闭合，为控制电路供电。

时间继电器KT1线圈得电后，开始计时。

交流接触器KM线圈得电后，其触点全部动作。

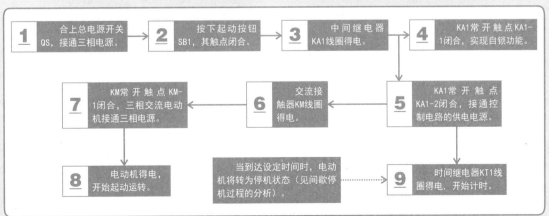

1 合上总电源开关QS，接通三相电源。 → **2** 按下起动按钮SB1，其触点闭合。 → **3** 中间继电器KA1线圈得电。 → **4** KA1常开触点KA1-1闭合，实现自锁功能。

7 KM常开触点KM-1闭合，三相交流电动机接通三相电源。 ← **6** 交流接触器KM线圈得电。 ← **5** KA1常开触点KA1-2闭合，接通控制电路的供电电源。

8 电动机得电，开始起动运转。 当到达设定时间时，电动机将转为停机状态（见间歇停机过程的分析）。 ⋯→ **9** 时间继电器KT1线圈得电，开始计时。

【三相交流电动机的间歇停机过程】

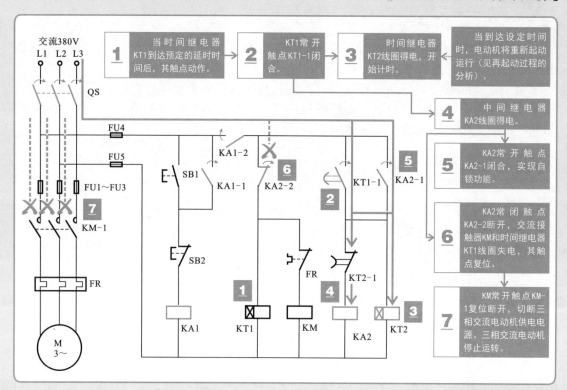

1 当时间继电器KT1到达预定的延时时间后，其触点动作。

2 KT1常开触点KT1-1闭合。

3 时间继电器KT2线圈得电，开始计时。

当到达设定时间时，电动机将重新起动运行（见再起动过程的分析）。

4 中间继电器KA2线圈得电。

5 KA2常开触点KA2-1闭合，实现自锁功能。

6 KA2常闭触点KA2-2断开，交流接触器KM和时间继电器KT1线圈失电，其触点复位。

7 KM常开触点KM-1复位断开，切断三相交流电动机供电电源。三相交流电动机停止运转。

【三相交流电动机的再起动过程】

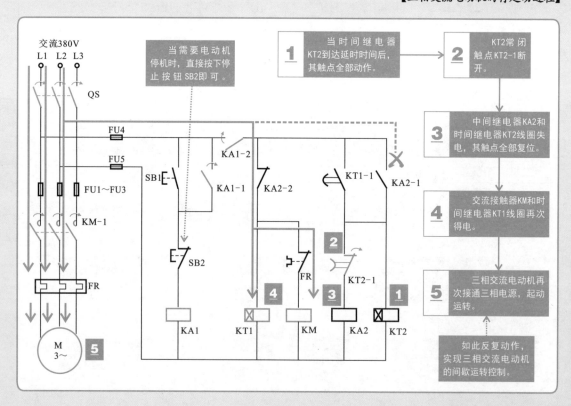

当需要电动机停机时，直接按下停止按钮SB2即可。

1 当时间继电器KT2到达延时时间后，其触点全部动作。

2 KT2常闭触点KT2-1断开。

3 中间继电器KA2和时间继电器KT2线圈失电，其触点全部复位。

4 交流接触器KM和时间继电器KT1线圈再次得电。

5 三相交流电动机再次接通三相电源，起动运转。

如此反复动作，实现三相交流电动机的间歇运转控制。

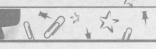

3.三相交流电动机反接制动控制电路的分析

该电路中电动机在反接制动时，会改变电动机定子绕组的电源相序，使之有反转趋势而产生较大的制动力矩，从而迅速使电动机的转速降低，并且通过速度继电器来自动切断制动电源，确保电动机不会反转。

【三相交流电动机的起动过程】

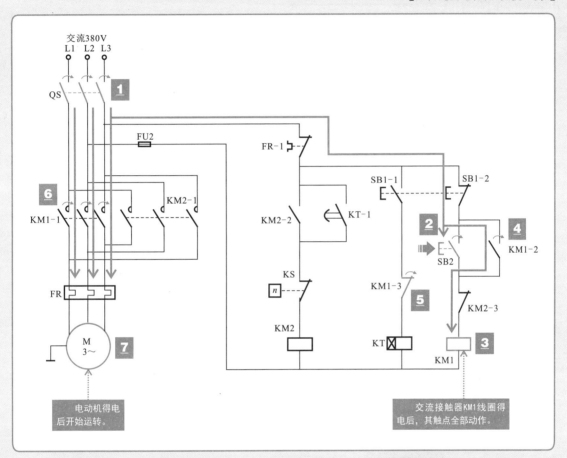

电动机得电后开始运转。

交流接触器KM1线圈得电后，其触点全部动作。

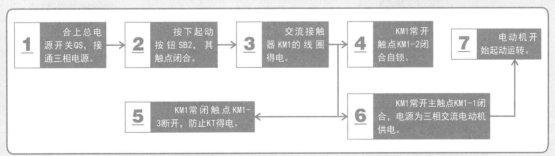

1　合上总电源开关QS，接通三相电源。

2　按下起动按钮SB2，其触点闭合。

3　交流接触器KM1的线圈得电。

4　KM1常开触点KM1-2闭合自锁。

7　电动机开始起动运转。

5　KM1常闭触点KM1-3断开，防止KT得电。

6　KM1常开主触点KM1-1闭合，电源为三相交流电动机供电。

特别提醒

对三相交流电动机反接制动控制电路进行识读时，应从电路图中各主要部件的功能特点和连接关系入手，对整个控制电路的工作流程进行细致的解析，弄清楚控制电路的工作过程和控制细节，完成三相交流电动机反接制动控制电路的识读过程。

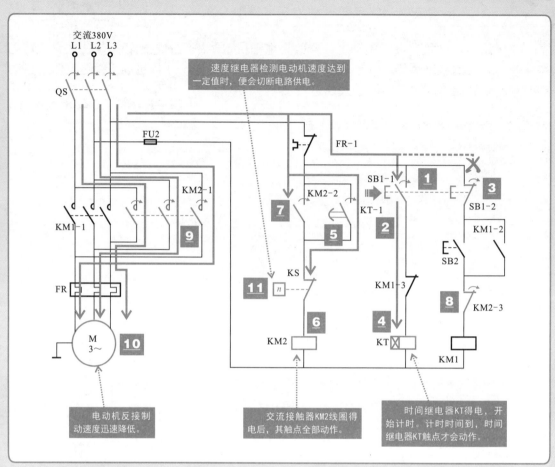

速度继电器检测电动机速度达到一定值时，便会切断电路供电。

电动机反接制动速度迅速降低。

交流接触器KM2线圈得电后，其触点全部动作。

时间继电器KT得电，开始计时。计时时间到，时间继电器KT触点才会动作。

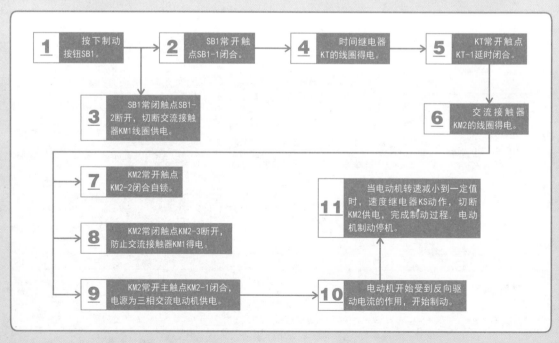

1 按下制动按钮SB1。

2 SB1常开触点SB1-1闭合。

4 时间继电器KT的线圈得电。

5 KT常开触点KT-1延时闭合。

3 SB1常闭触点SB1-2断开，切断交流接触器KM1线圈供电。

6 交流接触器KM2的线圈得电。

7 KM2常开触点KM2-2闭合自锁。

11 当电动机转速减小到一定值时，速度继电器KS动作，切断KM2供电，完成制动过程，电动机制动停机。

8 KM2常闭触点KM2-3断开，防止交流接触器KM1得电。

9 KM2常开主触点KM2-1闭合，电源为三相交流电动机供电。

10 电动机开始受到反向驱动电流的作用，开始制动。

第7章 电动机绕组的绕制训练

7.1 电动机绕组的绕制方式与绕制数据

7.1.1 电动机绕组的绕制方式

电动机绕组的绕制方式是指电动机绕组在电动机铁心中的一种嵌线形式。目前，常见的电动机定子绕组主要有两种绕制方式，即单层绕组绕制和双层绕组绕制。

1. 单层绕组绕制方式

单层绕组是指电动机定子铁心的每个槽内都仅嵌入一条绕组边的绕制方式。该类绕制方式中，绕组数等于电动机定子铁心的槽数的1/2；定子铁心槽内无需层间绝缘，不存在相间短路情况，且因绕组数较少，嵌线方便，所以工艺较简单。

【单层绕组绕制方式】

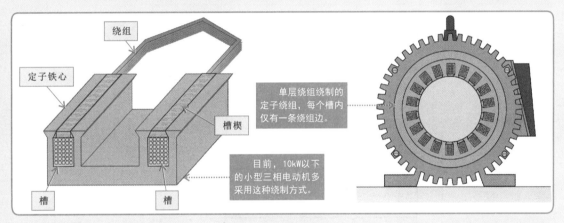

单层绕组按线圈的形状、尺寸及引出端的排列方法不同，又可分为单层链式绕组、单层同心式绕组和单层交叉链式绕组三种。

【单层链式绕组展开图】

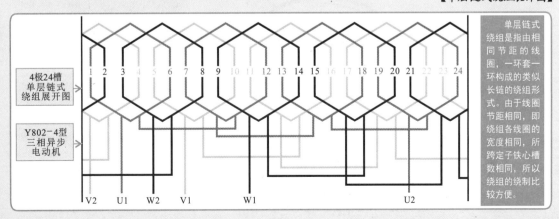

【单层链式绕组展开图（续）】

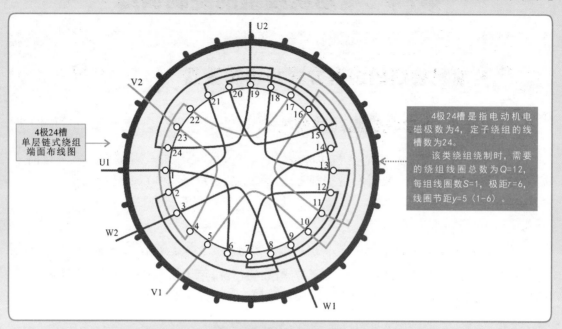

4极24槽单层链式绕组端面布线图

4极24槽是指电动机电磁极数为4，定子绕组的线槽数为24。

该类绕组绕制时，需要的绕组线圈总数为$Q=12$，每组线圈数$S=1$，极距$\tau=6$，线圈节距$y=5$（1-6）。

【单层同心式绕组展开图】

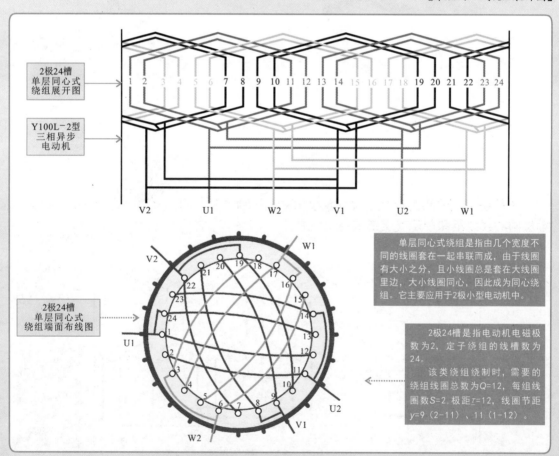

2极24槽单层同心式绕组展开图

Y100L-2型三相异步电动机

2极24槽单层同心式绕组端面布线图

单层同心式绕组是指由几个宽度不同的线圈套在一起串联而成，由于线圈有大小之分，且小线圈总是套在大线圈里边，大线圈同心，因此成为同心绕组。它主要应用于2极小型电动机中。

2极24槽是指电动机电磁极数为2，定子绕组的线槽数为24。

该类绕组绕制时，需要的绕组线圈总数为$Q=12$，每组线圈数$S=2$，极距$\tau=12$，线圈节距$y=9$（2-11）、11（1-12）。

【单层交叉链式绕组展开图】

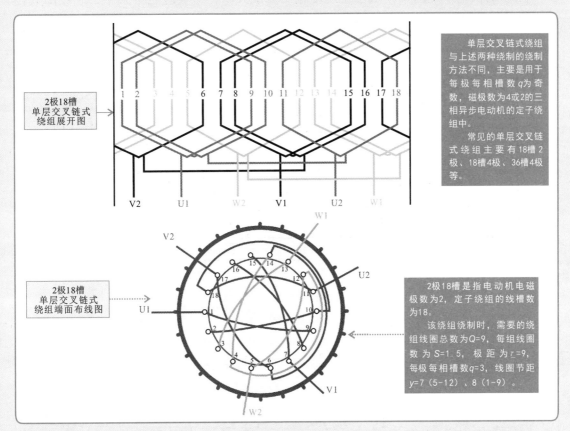

2极18槽单层交叉链式绕组展开图

单层交叉链式绕组与上述两种绕制的绕制方法不同，主要是用于每极每相槽数q为奇数，磁极数为4或2的三相异步电动机的定子绕组中。

常见的单层交叉链式绕组主要有18槽2极、18槽4极、36槽4极等。

2极18槽单层交叉链式绕组端面布线图

2极18槽是指电动机电磁极数为2，定子绕组的线槽数为18。

该绕组绕制时，需要的绕组线圈总数为Q=9，每组线圈数为S=1.5，极距为τ=9，每极每相槽数q=3，线圈节距y=7（5–12）、8（1–9）。

 2. 双层绕组绕制方式

　　双层绕组是指电动机定子铁心的每个槽内都有上、下两层绕组边。该类绕制方式中，绕组股数等于电动机定子铁心的槽数，且在嵌线操作中要求槽内上层边与下层边之间进行绝缘处理，因此嵌线工艺比较复杂。

【双层绕组绕制方式】

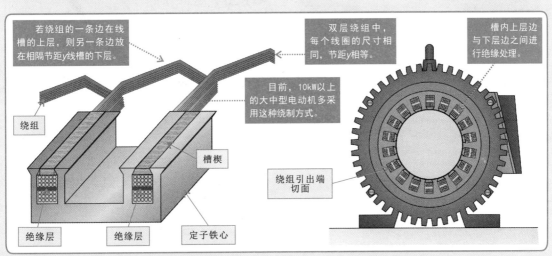

若绕组的一条边在线槽的上层，则另一条边放在相隔节距y线槽的下层。

双层绕组中，每个线圈的尺寸相同，节距y相等。

槽内上层边与下层边之间进行绝缘处理。

目前，10kW以上的大中型电动机多采用这种绕制方式。

绕组

槽楔

绝缘层

绝缘层

定子铁心

绕组引出端切面

在电动机定子绕组中，双层绕组多采用叠绕式，在该类绕制方式中，总线圈数较多，嵌线较复杂。

【双层叠绕式绕组展开图】

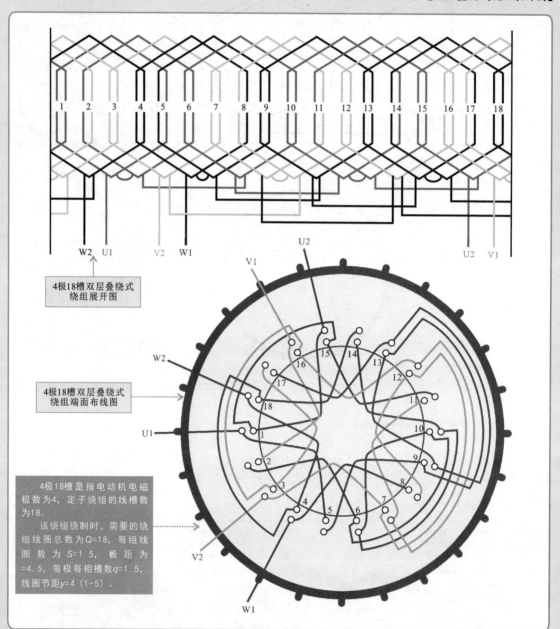

4极18槽双层叠绕式绕组展开图

4极18槽双层叠绕式绕组端面布线图

4极18槽是指电动机电磁极数为4，定子绕组的线槽数为18。

该绕组绕制时，需要的绕组线圈总数为Q=18，每组线圈数为S=1.5，极距为=4.5，每极每相槽数q=1.5，线圈节距y=4（1-5）。

特别提醒

有些电动机转子上也设有绕组，该类转子一般称为绕线转子。绕线转子绕组的绕制方式主要有叠绕组绕制和波绕组绕制。在电动机维修过程中，以电动机定子绕组损坏的情况最为常见，因此，在本章节介绍中，主要以电动机定子绕组的拆除、重绕、嵌线、浸漆、烘干等操作为实训案例进行介绍。

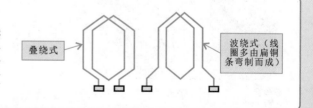

叠绕式

波绕式（线圈多由扁铜条弯制而成）

7.1.2 电动机绕组的绕制数据

1.铭牌数据

电动机的铭牌上提供了电动机的基本电气参数和数据，如型号、额定功率、额定电压、额定电流、额定转速、绝缘等级、接法等。记录这些数据，以备查询。

【记录电动机铭牌数据】

电动机的铭牌

三相·异步电动机

型号 Y90S－2	标准编号 ZBK22007-88
1.5 kW 3.4A	50Hz 380V
SI	2840 r/min Lw 76 dB(A)
接法 △	IP44 B级绝缘
出品编号 11206	22 kg 2000年7月

某电机有限公司制造

从电动机铭牌上可以看到，该电动机的型号为Y90S-2，磁极数为2，额定功率为1.5kW，额定频率为50Hz，额定电压为380V，额定电流为3.4A，额定转速为2840r/min，绝缘等级为B级，绕组接法为三角形联结。

2.定子绕组数据

在拆除电动机定子绕组前，详细记录定子绕组的相关数据是十分关键的环节。其中包括记录定子绕组的绕制形式、绕组伸出铁心的长度、绕组两个有效边所跨的槽数（电动机的节距）、绕组引出线的引出位置、槽号及定子铁心槽号。另外，在拆除绕组后还需记录一个完整线圈的形式，测量线圈各部分尺寸、直径、绕组匝数等数据。

【记录定子绕组的绕制形式】

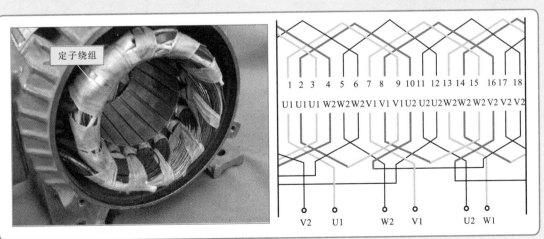

定子绕组

1	2	3	4	5	6	7	8	9	10	11	12	13	14	15	16	17	18
U1	U1	U1	W2	W2	W2	V1	V1	V1	U2	U2	U2	W2	W2	W2	V2	V2	V2

V2　U1　　W2　V1　　U2　W1

特别提醒

　　根据上述电动机定子绕组的安装形式可以看到，其定子绕组绕制形式为单层，定子铁心的槽数为18，结合铭牌标识可知，其磁极对数为2，由此可知，该电动机的定子绕组形式为单层2极18槽绕制，再结合电动机定子绕组实际嵌线的特点，最后确定该电动机定子绕组的绕制形式为2极18槽单层交叉链式绕组。

【测量并记录定子绕组端部伸出铁心的长度】

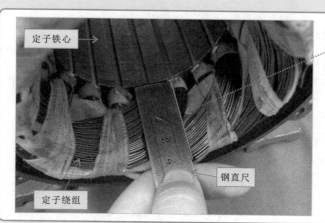

定子铁心 →

定子绕组

钢直尺

用钢直尺测量定子绕组伸出铁心的长度，并记录实测数据的数值为39mm。

　　上述记录电动机定子绕组的绕制方式为2极18槽单层交叉链式绕组。由此可计算其相关的电气参数：

极距：$\tau = Z/2p = 18/2 = 9$；

极相数：$2pm = 2 \times 3 = 6$；

每极每相槽数：$q = \tau/m = 9/3 = 3$；

槽距角：

$A = p \times 360° / Z = 1 \times 360° / 18 = 20°$。

【记录线圈两个有效边所跨的槽数】

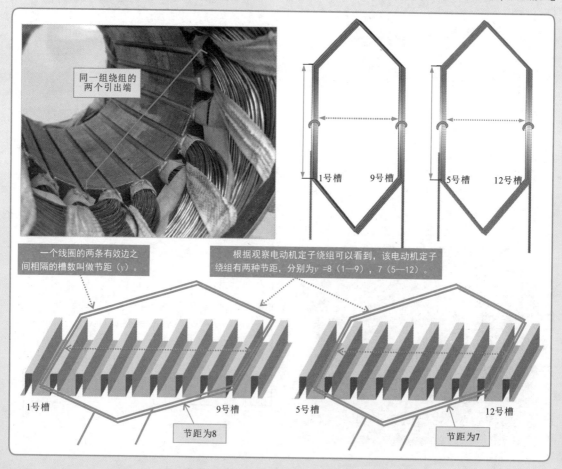

同一组绕组的两个引出端

1号槽　　　9号槽

5号槽　　　12号槽

一个线圈的两条有效边之间相隔的槽数叫做节距（y）。

根据观察电动机定子绕组可以看到，该电动机定子绕组有两种节距，分别为 $y = 8$（1—9），7（5—12）。

1号槽　　　　　9号槽　　　5号槽　　　　　12号槽

节距为8

节距为7

【记录绕组引出线的引出位置、槽号及定子铁心槽号】

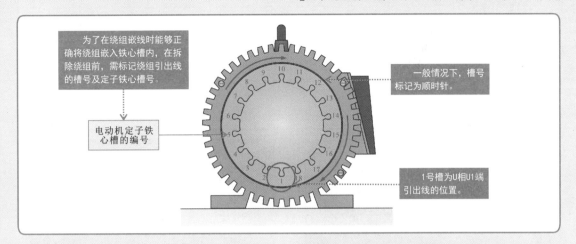

为了在绕组嵌线时能够正确将绕组嵌入铁心槽内，在拆除绕组前，需标记绕组引出线的槽号及定子铁心槽号。

一般情况下，槽号标记为顺时针。

电动机定子铁心槽的编号

1号槽为U相U1端引出线的位置。

【测量并记录绕组的形式和尺寸】

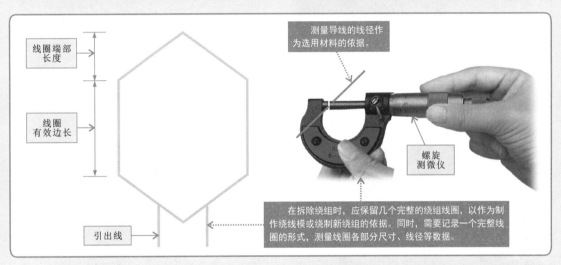

线圈端部长度

线圈有效边长

引出线

测量导线的线径作为选用材料的依据。

螺旋测微仪

在拆除绕组时，应保留几个完整的绕组线圈，以作为制作绕线模或绕制新绕组的依据。同时，需要记录一个完整线圈的形式，测量线圈各部分尺寸、线径等数据。

【记录绕组的匝数和股数】

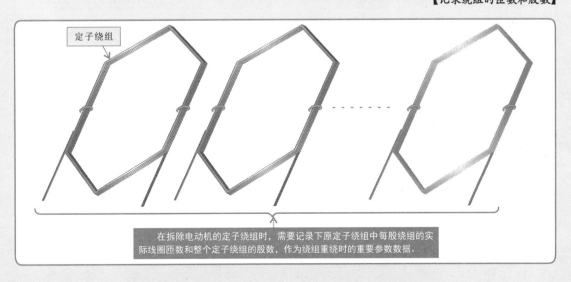

定子绕组

在拆除电动机的定子绕组时，需要记录下原定子绕组中每股绕组的实际线圈匝数和整个定子绕组的股数，作为绕组重绕时的重要参数数据。

特别提醒

如果在拆除电动机绕组时，由于工艺条件无法保留原有绕组的形状，则需要将绕组一端引出线全部切断后，再从另一侧抽出绕组。在这种情况下，大部分数据可以完成记录，如定子绕组的绕制形式、定子绕组端部伸出定子铁心的长度，一组绕组所跨的槽数，绕组引出线的引出位置、槽号，绕组的股数、线径，每股绕组中线圈的匝数等。缺少的是一个完整线圈的尺寸，此时，可以用一根漆包线仿制成一圈线圈的形状，根据现有的数据，如一组绕组所跨的槽数、引出线的位置等在定子铁心上绕制一圈线圈，作为参考。

【记录定子铁心数据】

用一根硬铜丝作为标尺放入定子铁心中间，至铁心内部最大直径处。

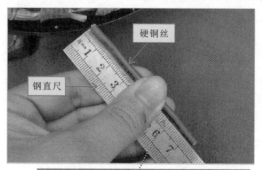

用钢直尺或测量尺精确测量制作的硬铜丝标尺，作为定子铁心内径数据，实测直径为75mm。

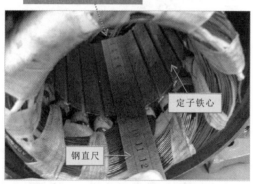

测量定子铁心的长度，并记录（实测83mm）。

测量定子铁心槽的高度，并记录（实测15mm）。

特别提醒

关于电动机绕组的绕制数据，除了上述基本的数据外，还应查询和记录绕组所采用导线的规格，对定子铁心中所采用槽楔的尺寸、材料、形状等进行了解和记录。在一般情况下，可制作一张数据表格，将上述记录、测量、检查的数据仔细填写，以备查询。

记录项目	数据	记录项目	数据
绕组绕制形式		铁心的内径	
绕组端部伸出长度		铁心的长度	
节距		铁心的槽数	
绕组引出线位置		绕组引出线位置	
绕组股数		槽的高度	
每股绕组线圈的匝数		槽楔的材料	
线圈展开的长度		槽楔的尺寸和形状	
线圈各边的尺寸		导线绝缘的性质	

特别提醒

1. 绕组

电动机绕组一般是由多个线圈或多个线圈组按一定的规律连接而成的。线圈是采用浸有绝缘层的导线（漆包线）按一定形状、尺寸在线模上绕制而成的，可由一匝或多匝组成。

2. 线圈匝数

电磁线在绕线模中绕过一圈称为一匝。如果采用单根导线绕制线圈，其线圈的总匝数就是线圈的总根数。对于容量较大的电动机可采用多根导线并行绕制的方式，此时线圈的匝数应该是槽内线圈的总根数除以并行绕制导线的根数，即

$$线圈匝数 = \frac{线圈总根数}{并行导线根数}$$

3. 槽数和磁极数

槽数是指电动机定子铁心上线槽的总数，通常用字母Z表示，如我国的Y90L4型三相异步电动机共有24个线槽，则定子槽数$Z = 24$。

极数是每相绕组通电后所产生的磁极数，由于电动机的极数总是成对出现的，所以电动机的磁极个数就是2p。

对于异步电动机的磁极数通常可从电动机的铭牌上得知，如Y90L4型三相异步电动机中，"4"则表示其磁极数。若无法从铭牌中得知，则可根据电动机转速来计算磁极数，计算公式为$p = 60f/n_1$。

式中，p 为磁极对数；f 为电源频率；n_1为同步转速（若用电动机的转速n代替n_1，则所得结果应取整数）。

4. 极距

两个相邻磁极轴线之间的距离称为极距，用字母 τ 表示，单位为（槽/极）。极距的大小可用铁心上的线槽数表示，若定子铁心的总槽数为Z，磁极数为2p的电动机，则极距为$\tau = Z/2p$。

例如，某电动机定子铁心的总槽数为24，磁极数为2，则极距 $\tau = 24/2 = 12$。

此外，极距还可用长度表示，若D为定子铁心的内径，单位为mm，则极距为$\tau = \pi D_1/2p$。

5. 节距

一个线圈的两条有效边之间相隔的槽数叫做节距，通常用字母y表示。例如，某一线圈的一个有效边在铁心槽5中，另一有效边在铁心槽12中，则线圈的节距$y = 7$。

为获得较好的电气性能，节距y应尽量接近于极距 τ 。同类型号、不同电动机绕组，其节距的选取也不同。一般当$y = \tau$ 时，叫做整节距，这种绕组称为整距绕组；当$y < \tau$ 时，叫做短节距，这种绕组称为短距绕组；当$y > \tau$ 时，叫做长节距，这种绕组称为长距绕组。在实际应用中，用的是整距绕组和短距绕组。

6. 极相数

每一组绕组在一个磁极下所具有的线圈组叫做极相数，也称为线圈组。一个线圈组中的线圈可以是一个或多个线圈串联构成的。在三相电动机中，绕组的极相数为2mp，p为磁极对数。例如，在2极式电动机中，p=1，4极式电动机中，p=2；m为电动机相数，在三相电动机中，m=3。

7. 每极每相槽数

在三相电动机中，每个磁极所占槽数需均等地分给三相绕组，每一个磁极下所占的铁心槽数称为每极每相槽数，用字母q表示。

对于双层绕组，线圈数目等于槽数，因此每极每相槽数q就是一个极相组内所串联的线圈数目，即 $q = Z/2pm = \tau/m$ 。

式中，τ 为极距；m为电动机相数，在三相电动机中，m=3。

例如，某三相异步电动机，定子铁心总槽数为30，磁极数为2极，则极距 τ 为15，m=3，由此计算可知，该电动机每极每相槽数$q = 15/3 = 5$。

8. 电角度

电动机圆周在几何上对应的角度为360°，这个角度称为机械角度。从电磁角度来看，若磁场空间按正弦波分布，则经过N、S一对磁极恰好是正弦曲线上的一个周期。如有导体去切割这个磁场，则经过N、S，导体中所感应的正弦电势的变化亦为一个周期，变化即经360°电角度，一对磁极占有的空间为360°电角度。

9. 槽距角

槽距角是指相邻两槽之间的电角度，用字母a表示。由于定子槽在定子内圆上时均匀分布，若Z为定子槽数，p为极对数，则槽距角为 $a = (p \times 360°)/Z$ 。

在三相异步电动机中，U、V、W三相绕组的电角度为120°，若能够计算出槽距角a，便能够计算出每相绕组相隔的槽数。例如，在4极36槽的三相电动机中，根据计算公式可知，其槽距角$a = (2 \times 360°)/36 = 20°$，而V1、U1相差120°电角度，则V1与U1应相隔120°/20° = 6槽。若V1一边在3号槽，则U1一边应在9号槽。此计算对电动机绕组重新绕制的嵌线操作十分有帮助。

10. 相带

相带是指一个极相组线圈所占的范围，在三相绕组中，每个极距内分为U、V、W三相，每个极距为180°电角度，故每个相带为60°。

7.2
电动机绕组的拆除与重新绕制

7.2.1　电动机绕组的拆除

在了解和记录好电动机绕组的相关参数含义及数据后，接下来，就要动手拆除电动机绕组了。为了让大家在学习过程中更加明确绕组拆除的方法和步骤，我们将绕组的拆除分成三个部分，即绕组的绝缘软化、绕组的拆除和定子槽的清理。

1.绕组的绝缘软化

电动机的绕组由于经过了浸漆、烘干等绝缘处理，坚硬而牢固，所以很不容易被拆下。因此拆除绕组时，应先采取相应措施使绕组的绝缘漆软化，同时应尽量不使绕组损坏，保持圈状，以便必要时对照绕制。目前，常用的绕组绝缘软化的方法主要有热烘法和溶剂浸泡溶解法。

【热烘法软化绕组绝缘】

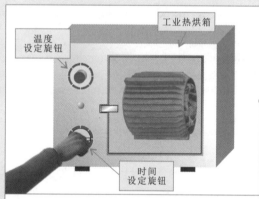

将电动机定子绕组连同外壳部分放入电烘箱，调整热烘箱温度旋钮至100℃左右，通电时间为1h以上。

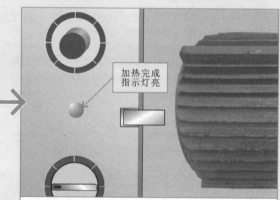

电烤箱加热完成指示灯亮后，取出绕组，趁热拆除旧绕组。

特别提醒

使用热烘法软化绕组绝缘时，需借用热烘箱。热烘箱是电动机绕组拆除中常用的辅助工具之一，可用于加热电动机的绕组、转子、轴承等。

【溶剂浸泡溶解法软化绕组绝缘】

清洁电动机外壳，保证外壳无脏污、油渍等。

1

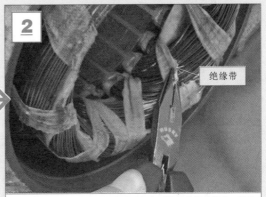

2

绝缘带

使用尖嘴钳拆除固定在电动机定子绕组上的绝缘带，为绝缘软化做好准备。

特别提醒

　　溶剂浸泡法是指将电动机定子置于放有浸泡溶液的浸泡箱中加热浸泡，使绝缘绕组软化。

　　浸泡前，先配置好质量分数为10%氢氧化钠的水溶液，作为浸泡溶液使用。

10%氢氧化钠

　　对于铝壳的电动机不能采用氢氧化钠溶液进行浸泡（铝与氢氧化钠溶液会发生化学反应）。浸泡溶液还可以是由石蜡（5%）、甲苯（45%）、丙酮（50%）搅拌好后的溶剂。

3

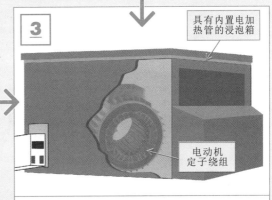

具有内置电加热管的浸泡箱

电动机定子绕组

　　将电动机定子放入盛有氢氧化钠溶液的浸泡箱中，加热浸泡2~3h，至绕组绝缘漆软化后取出。

5%石蜡

45%甲苯

50%丙酮

将上述搅拌好的溶液用刷子刷在定子槽和端部后，置于封闭的容器中，经2h绝缘软化后再拆除绕组。

刷子

刷子

特别提醒

在实际应用中，除了上述几种绝缘软化的方法外，还有火烧法和通电加热法。

火烧法是指将电动机定子直接架在支架上，在支架下面和定子中放入适量的木材，点燃木材，用火加热的方法。绕组被引燃后，撤出部分或全部木材，待绕组的火焰熄灭并自然冷却后再拆除导线，但由于这种方法会造成一定的空气污染，还会破坏铁心的绝缘性能，使电磁性能下降，所以目前该方法已基本不再使用。

通电加热法是指采用通电加热软化电动机绕组的方法。通电加热绕组前，先将定子槽内的槽楔拆除，并对电动机绕组的连接方法进行相应变化，再接通电源开始加热，此方法耗费电能较多，但对空气的污染较小，对铁心性能的损伤也较小。

通电加热绕组时，可采用三种方法，即三相交流电加热法、单相交流电加热法和直流电源加热法。若绕组中有断路或短路的线圈，则此方法可能会出现局部不能加热的情况，这时可采用其他方法再进一步加热。

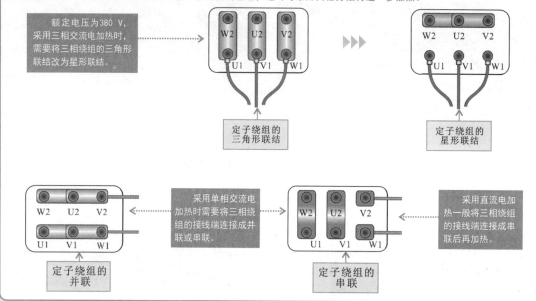

 2. 绕组的拆除

在完成电动机的定子绕组绝缘部分的软化操作后，下一步就可以开机动手拆除绕组了。具体拆除方法请参看下面的图解演示。

【绕组的拆除方法】

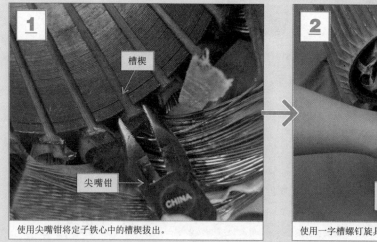

使用尖嘴钳将定子铁心中的槽楔拔出。

使用一字槽螺钉旋具顶住，并用锤子轻轻敲打，抽出槽楔。

【绕组的拆除方法（续）】

将定子绕组周围的绝缘材料去除干净。

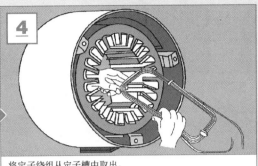

将定子绕组从定子槽中取出。

特别提醒

在上述拆除操作中，由于先前已经将绕组进行了绝缘软化，所以拆除比较简单。这种操作方法能够尽量保持绕组的圈状，对重新绕制绕组很有参考价值。

 3.定子槽的清理

电动机定子绕组拆除完成后，定子槽内会残留大量的灰尘、杂物等，因此在拆除绕组后需要对定子槽进行清理。具体的操作方法请参看下面的图解演示。

【定子槽的清理方法】

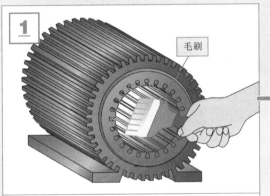

使用毛刷清理定子槽内部残留的灰尘、杂物。

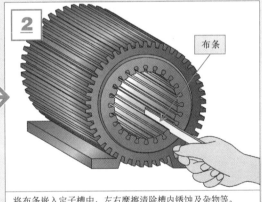

将布条嵌入定子槽中，左右摩擦清除槽内锈蚀及杂物等。

特别提醒

清理定子铁心槽是电动机绕组嵌线前的必备程序，若忽略该步骤或清洁不彻底，则可能对下一步的嵌线操作造成影响。如槽内有杂物，绕组将不能完全嵌入槽中；定子槽有锈蚀等将直接影响电动机的性能，严重时将导致电动机无法工作，因此，应按照操作规程和步骤认真清理，并修复有损伤的部位。

绕组、槽绝缘及槽楔等拆除干净后的定子铁心。

特别提醒

需要注意的是，当电动机绕组损坏情况比较严重，或由于设备条件等限制，无需或无法对电动机绕组进行绝缘软化时，可以通过切除绕组断面引线的方法拆除绕组。

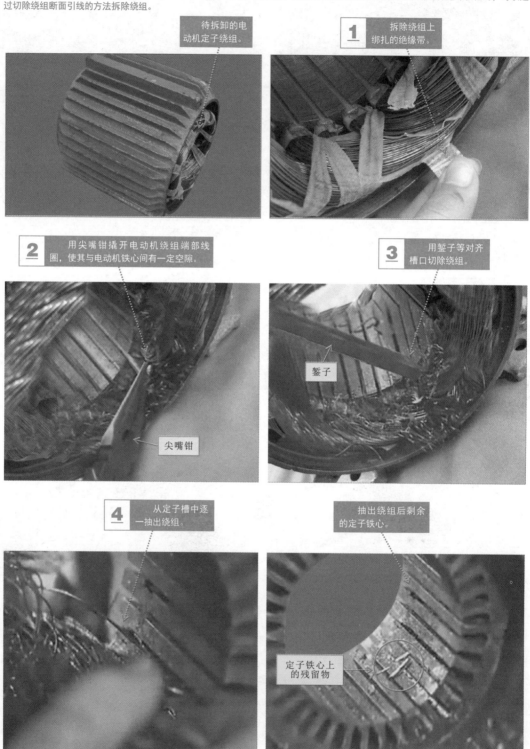

待拆卸的电动机定子绕组。

1 拆除绕组上绑扎的绝缘带。

2 用尖嘴钳撬开电动机绕组端部线圈，使其与电动机铁心间有一定空隙。

尖嘴钳

3 用錾子等对齐槽口切除绕组。

錾子

4 从定子槽中逐一抽出绕组。

抽出绕组后剩余的定子铁心。

定子铁心上的残留物

7.2.2　电动机绕组的重新绕制

修理和更换电动机的绕组时，需要根据原绕组的直径、材料、匝数、形状等原始数据重新绕制绕组。电动机绕组的绕制是电动机维修人员必须要掌握的基础技能之一。下面将绕组的重新绕制分成两个部分，即绕组绕制前的准备工作和开始绕制绕组。

1. 绕组绕制前的准备工作

绕组绕制前应准备好绕组材料和绕线工具。通常电动机采用漆包线作为绕组的材料，绕制时，需要有专门的绕组工具。

【准备和选取绕组线材】

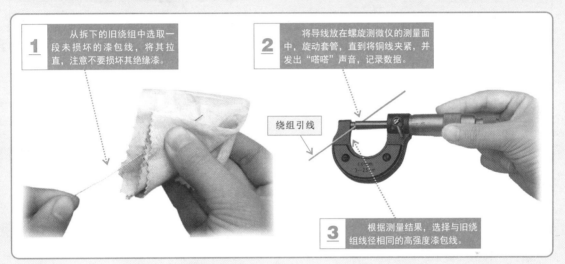

1 从拆下的旧绕组中选取一段未损坏的漆包线，将其拉直，注意不要损坏其绝缘漆。

2 将导线放在螺旋测微仪的测量面中，旋动套管，直到将铜线夹紧，并发出"嗒嗒"声音，记录数据。

绕组引线

3 根据测量结果，选择与旧绕组线径相同的高强度漆包线。

【准备绕制工具】

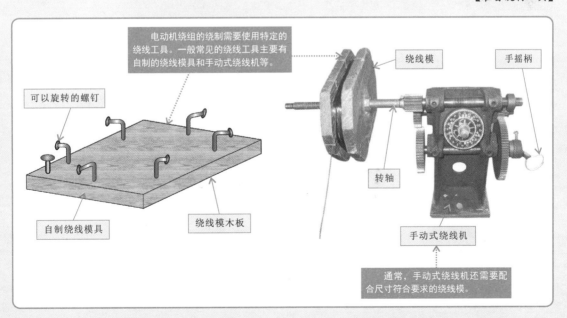

电动机绕组的绕制需要使用特定的绕线工具。一般常见的绕线工具主要有自制的绕线模具和手动式绕线机等。

绕线模

手摇柄

可以旋转的螺钉

转轴

自制绕线模具

绕线模木板

手动式绕线机

通常，手动式绕线机还需要配合尺寸符合要求的绕线模。

特别提醒

上面借助所拆除的旧绕组确定绕线模尺寸的方法只能粗略确定绕线模尺寸，若要更加精确的确定绕线模尺寸，可通过测量电动机的一些数据，计算绕线模的尺寸。

1. 椭圆形绕线模精确计算的方法

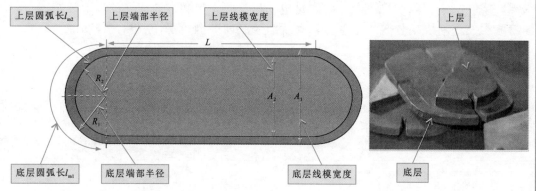

◆ 椭圆形绕线模宽度的计算公式为

$$A_1 = \frac{(\pi D_{i1} + h_s)}{q_1}(y_1 - k) \qquad A_2 = \frac{(\pi D_{i1} + h_s)}{q_1}(y_2 - k)$$

式中，A_1、A_2 分别代表绕线模的宽度，D_{i1} 为定子铁心内径，h_s 为定子槽高度，q_1 为定子槽数，y_1、y_2 为绕组节距，k 是修正系数。一般情况下，电动机极数为2，修正系数 k 可取2～3；4极的修正系数 k 可取0.5～0.7；6极的修正系数 k 可取0.5；8极以上的修正系数 k 为0。

◆ 椭圆形绕线模直线长度计算公式为 $L = L_{Fe} + 2d$

式中，L_{Fe} 为定子铁心的长度，d 为绕组伸出铁心长度，具体数字可参考下表。

电动机极数	2极	4极	6、8、10极
小型电动机线圈伸出铁心长度	12～18mm	10～15mm	10～13mm
大型电动机线圈伸出铁心长度	20～25mm	18～20mm	12～15mm

◆ 椭圆形绕线模底层端部半径和上层端部半径的计算公式为 $R_1 = A_1/2 + (5～8)$，$R_2 = A_2/2 + (5～8)$。

◆ 椭圆形绕线模模芯板厚度的计算公式为 $l_{m1} = KA_1$，$l_{m2} = KA_2$。

式中，K 为系数：2极电动机的 K 取1.20～1.25；4极电动机的 K 取1.25～1.30；6～8极电动机的 K 取1.30～1.40。

◆ 绕线模模芯板厚度计算公式为 $b = (\sqrt{N_e} + 1.5)d_m$。

模芯厚度是指绕线模模板的厚度，通常用 b 表示。式中，N_e 为绕组的匝数，d_m 表示绝缘导线的外径（mm）。

2. 椭圆形绕线模精确计算的方法

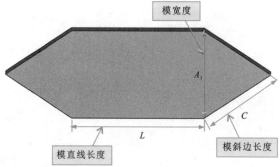

◆ 菱形绕线模宽度计算公式为 $A_1 = \pi D_i y/Z$。

式中，D_i 为定子铁心内径（mm），y 为绕组节距（槽），Z 为定子总槽数（槽）。

◆ 菱形绕线模直线长度公式为 $L = h + 2a$。

式中，a 为绕组直线部分伸出铁心的单边长度，通常 a 的值为10～20mm；h 为定子铁心长度（mm）。

◆ 菱形绕线模斜边长公式为 $C = A/t$。

式中，t 为经验因数，一般2极电动机，$t \approx 1.49$；4极电动机，$t \approx 1.53$；6极电动机，$t \approx 1.58$。

2. 开始绕制绕组

　　选择好绕组所用的漆包线材料，准备好绕制工具，根据之前记录的数据确定好绕组的股数、每股绕组中线圈的匝数后，就可以进行绕组的绕制了。下面以手动式绕线机绕制绕组为例进行介绍。具体绕制方法请参看下面的图解演示。

【使用手动式绕线机绕制电动机绕组的方法】

将模具放到绕线机的转轴上。

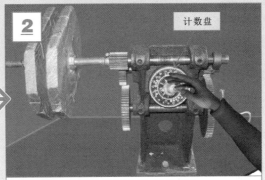

调整绕线机的计数盘，使其指针指示零的位置。

用一只手握住套管控制导线的位置，用另一只手旋转手动式绕线机的手摇柄开始绕线。

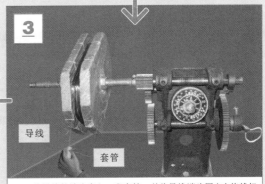

将导线的端头套入一段套管，并将导线端头固定在绕线机的转轴上。

绕制绕组匝数与要求的匝数相符后，将绕组捆好。

上、下两端均捆绑一次，然后将绕组退出模具。

特别提醒

在绕制电动机绕组前，我们需要了解绕制过程中应注意的几个问题：

◆绕制前，应检查选用导线的线径是否符合要求；检查绕线模有无裂缝、破损，严重时应更换，否则可能影响绕线效果。

◆边绕边记录绕制匝数，或从绕线器的计数盘上查看绕制匝数，直到与旧绕组的匝数相同时，才可停止。

◆若在绕制过程中断线或两轴线之间交接时，应先去掉待连接引线端头表面的绝缘漆，用细砂纸或小刀轻轻刮去碳灰，将两个线头扭接在一起，再用电烙铁焊接，最后包一层黄蜡布，再绕制剩余的匝数。

7.3
电动机绕组的嵌线

第7章

7.3.1 电动机绕组嵌线前的准备

1. 准备嵌线的材料和工具

电动机嵌线前，根据需要准备好嵌线用的材料和工具。基本的材料主要包括用作槽绝缘、层间绝缘、端部绝缘的绝缘纸，用于接线的绝缘管，制作好的槽楔等；基本的嵌线工具主要包括压线板、划线板、剪刀、橡胶锤、电烙铁、焊锡丝等。

【嵌线操作需要准备的材料和工具】

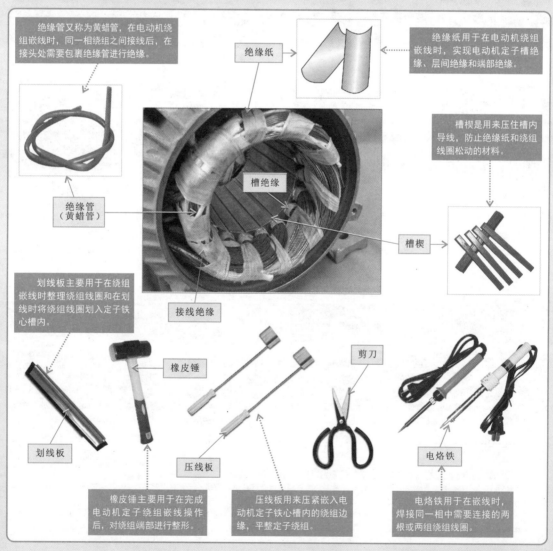

绝缘管又称为黄蜡管，在电动机绕组嵌线时，同一相绕组之间接线后，在接头处需要包裹绝缘管进行绝缘。

绝缘纸用于在电动机绕组嵌线时，实现电动机定子槽绝缘、层间绝缘和端部绝缘。

槽楔是用来压住槽内导线，防止绝缘纸和绕组线圈松动的材料。

绝缘管（黄蜡管）

绝缘纸

槽绝缘

槽楔

划线板主要用于在绕组嵌线时整理绕组线圈和在划线时将绕组线圈划入定子铁心槽内。

接线绝缘

橡皮锤

剪刀

电烙铁

划线板

压线板

橡皮锤主要用于在完成电动机定子绕组嵌线操作后，对绕组端部进行整形。

压线板用来压紧嵌入电动机定子铁心槽内的绕组边缘，平整定子绕组。

电烙铁用于在嵌线时，焊接同一相中需要连接的两根或两组绕组线圈。

【绝缘纸的裁剪】

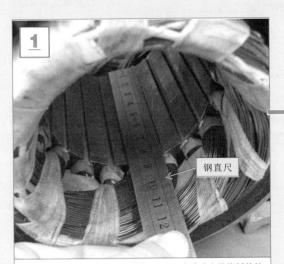

测量电动机定子铁心长度为86mm，由此确定绝缘纸的长度为106～116mm。

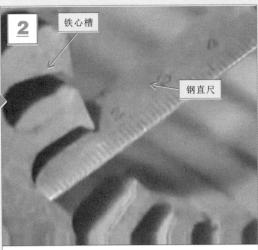

测量铁心槽的高度为15mm，由此确定绝缘纸的宽度为45～60mm。

再以45～60mm（取50mm）为单位截取等宽度的绝缘纸n个，作为槽绝缘材料。

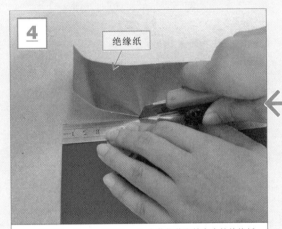

用电工刀在绝缘纸上量出长度在106～116mm的一条长带（取110mm）。

特别提醒

为节省材料，一般可先在一个较大面积的绝缘纸上画好裁剪线，然后根据画好的裁剪线，将绝缘纸裁剪成符合长度的矩形长条，根据宽度截取为一片一片的相应数量的槽绝缘纸。

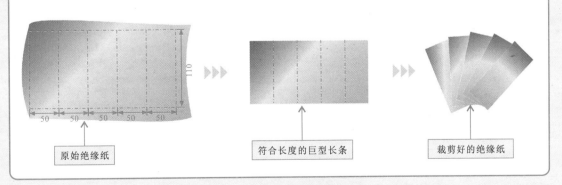

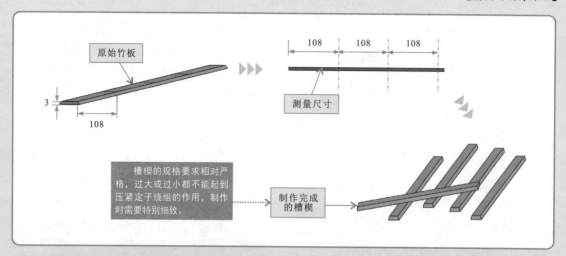

原始竹板

测量尺寸

108   108   108

3

108

槽楔的规格要求相对严格，过大或过小都不能起到压紧定子绕组的作用，制作时需要特别细致。

制作完成的槽楔

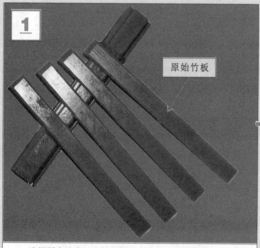

1

原始竹板

选择厚度约为3mm的竹板作为槽楔的原始材料，并将其横截面打磨成符合槽口形状的梯形。

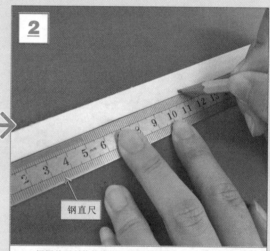

2

钢直尺

根据前面所裁剪绝缘纸的长度110mm，确定槽楔的长度为108mm（短绝缘纸2～3mm）。

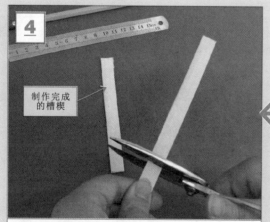

4

制作完成的槽楔

可在拆除绕组时保留一段完好的槽楔，根据旧槽楔选择、打磨和截取槽楔，可快速准确地制作好槽楔。

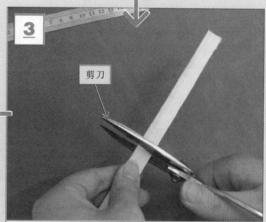

3

剪刀

根据所测量和确定的槽楔长度，将竹板裁剪为等长的一段一段的小竹板，作为槽楔使用。

2. 找准嵌线技巧

根据前文可知，待拆除电动机的绕组为18槽2极单层交叉链式绕组，根据绕组数据计算公式，该电动机绕组数据计算如下：

$$极距 \tau = \frac{Z}{2p} = \frac{18}{2 \times 1} = 9 \qquad\qquad 极相数 = 2pm = 2 \times 1 \times 3 = 6$$

$$每极每相槽数 q = \frac{Z}{2pm} = \frac{\tau}{m} = \frac{9}{3} = 3 \qquad\qquad 槽距角 \alpha = \frac{p \times 360°}{Z} = \frac{1 \times 360°}{18} = 20°$$

结合计算数据，此电动机绕组可采用整嵌式嵌线和叠绕式嵌线。

【整嵌式】

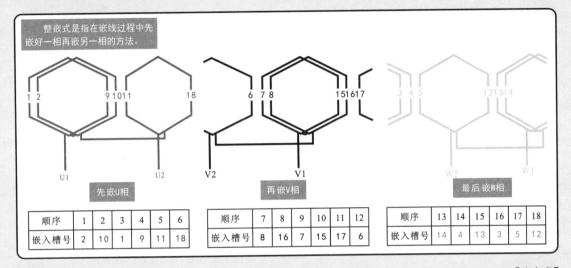

顺序	1	2	3	4	5	6
嵌入槽号	2	10	1	9	11	18

顺序	7	8	9	10	11	12
嵌入槽号	8	16	7	15	17	6

顺序	13	14	15	16	17	18
嵌入槽号	14	4	13	3	5	12

【叠绕式】

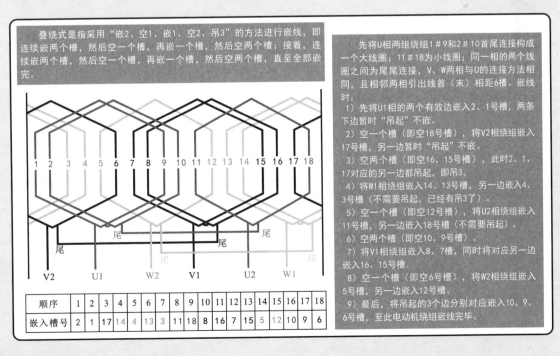

叠绕式是指采用"嵌2、空1、嵌1、空2、吊3"的方法进行嵌线，即连续嵌两个槽，然后空一个槽，再嵌一个槽，然后空两个槽；接着，连续嵌两个槽，然后空一个槽，再嵌一个槽，然后空两个槽，直至全部嵌完。

顺序	1	2	3	4	5	6	7	8	9	10	11	12	13	14	15	16	17	18
嵌入槽号	2	1	17	14	4	13	3	11	18	8	16	7	15	5	12	10	9	6

先将U相两组绕组1#9和2#10首尾连接构成一个大线圈；11#18为小线圈；同一相的两个线圈之间为尾尾连接，V、W两相与U的连接方法相同，且相邻两相引出线首（末）相距6槽。嵌线时：

1）先将U1相的两个有效边嵌入2、1号槽，两条下边暂时"吊起"不嵌。

2）空一个槽（即空18号槽），将V2相绕组嵌入17号槽，另一边暂时"吊起"不嵌。

3）空两个槽（即空16、15号槽），此时2、1、17对应的另一边都吊起，即吊3。

4）将W1相绕组嵌入14、13号槽，另一边嵌入4、3号槽（不需要吊起，已经有吊3了）。

5）空一个槽（即空12号槽）将U2相绕组嵌入11号槽，另一边嵌入18号槽（不需要吊起）。

6）空两个槽（即空10、9号槽）。

7）将V1相绕组嵌入8、7槽，同时将对应另一边嵌入16、15号槽。

8）空一个槽（即空6号槽），将W2相绕组嵌入5号槽，另一边嵌入12号槽。

9）最后，将吊起的3个边分别对应嵌入10、9、6号槽，至此电动机绕组嵌线完毕。

7.3.2 电动机绕组的嵌线方法

嵌线是指将绕制好的线圈,按照一定的方式嵌入电动机定子铁心槽内,使其具备一定的电气性能。它主要包括进行槽绝缘、嵌放绕组、相间绝缘、端部整形、绕组接线、绑扎外引线和连接电动机相线等步骤。

1. 进行槽绝缘

进行槽绝缘是指将裁剪好的绝缘纸放入电动机定子铁心槽中,形成绕组与槽间的绝缘。具体的绝缘操作请参看下面的图解演示。

【槽绝缘的方法】

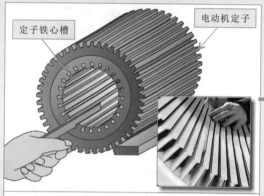

将裁剪好的绝缘纸沿纵向折起,捏住上口,逐一插入电动机定子铁心槽中。

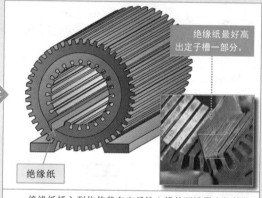

绝缘纸最好高出定子槽一部分。

绝缘纸

绝缘纸插入到位使其在定子铁心槽的两端露出相等长度,以便在嵌入绕组后包裹绕组的端部。

2. 嵌放绕组

嵌放绕组是指将绕制好的绕组根据前述的嵌线方法嵌入放好绝缘纸的定子槽中,并用绝缘纸将绕组包好,然后压上槽楔。根据前述记录数据,电动机铭牌上标识的型号为Y90S-2,可知此电动机的槽数为18个,极数为2,采用三相单层交叉链式绕组的方法绕制。下面我们采用叠绕式进行嵌线,具体操作方法请参看下面的图解演示。

【嵌放绕组的方法】

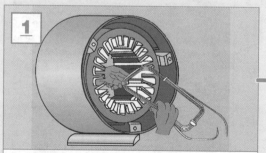

将U1相的第一个绕组边嵌入电动机定子铁心的2号槽内,另一边吊起。

借助划线板和压线板将定子绕组划入定子铁心槽内,使其均匀嵌入槽中。

【嵌放绕组的方法（续）】

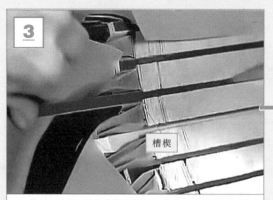

3

槽楔

绕组入槽后，使绝缘纸高出槽口，将绝缘纸两边对折包好绕组，插入槽楔，完成一个绕组边的嵌入。

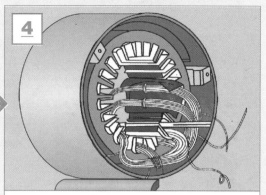

4

同样，将另一组绕组的一边嵌入定子铁心的1号槽内，另一边吊起。

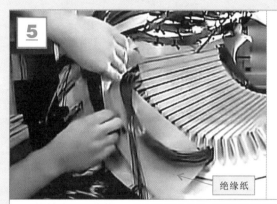

5

绝缘纸

将所有绕组按照规律一一嵌入定子铁心槽内，并进行槽内绝缘，插入槽楔，完成绕组的嵌线过程。在嵌线过程中，注意在绕组间垫好绝缘纸，以保证相间绝缘。

特别提醒

在嵌放绕组时，电动机维修人员可寻找一些嵌线技巧，确保电动机定子绕组可顺利嵌入定子铁心槽中。

当需要嵌放两个绕组边到定子铁心槽时，注意绕组上边嵌放时，应将绕组稍微挤压后滑入槽内，全部放入槽内后，包好绝缘纸，放好槽楔，再将绕组端口处进行简单的整形，为嵌放下一组绕组做好准备。

当全部绕组嵌入到槽内后，再将前面吊起绕组的一边嵌入，其嵌入的方法和其他绕组嵌入的方法相同，嵌放时也应将绕组稍微挤压滑入槽内；全部绕组嵌好后，将绕组的绑扎带绑扎好。至此，电动机的嵌线过程便完成了。

每组绕组线圈嵌入槽内都需要插入槽楔。

根据嵌线的顺序将吊起的边嵌入。

槽楔

根据嵌线规律，不需要嵌入槽中的绕组边需要吊起。

第一组绕组的一边

第二组绕组的一边

第三组绕组的一边

3. 相间绝缘

相间绝缘是指绕组嵌线完成后，为避免在绕组的端部产生短路，通常需要在每个极相绕组之间加垫绝缘纸。操作方法请参看下面的图解演示。

【相间绝缘的方法】

在绕组嵌线过程中，已将绝缘纸放置在极相绕组之间。

剪切绝缘纸时应注意不得损伤绕组的线圈。

相间绝缘

绕组嵌线完成后，按端部形状将绝缘纸剪裁成型。

4. 端部整形

电动机定子绕组的端部整形是指用橡皮锤将嵌好的定子绕组端部进行细致整理，使其成规则的喇叭状，以便于进行下一步的绝缘浸漆、转子装配等，且更具有美观、整齐的特点。电动机绕组具体的端部整形操作请参看下面的图解演示。

【电动机绕组端部整形的方法】

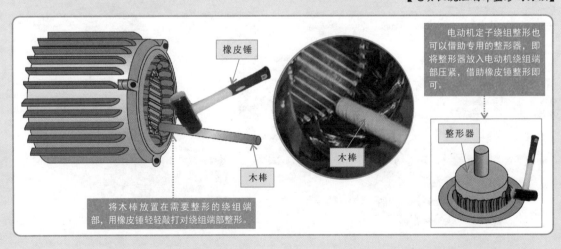

橡皮锤

电动机定子绕组整形也可以借助专用的整形器，即将整形器放入电动机绕组端部压紧，借助橡皮锤整形即可。

木棒

整形器

木棒

将木棒放置在需要整形的绕组端部，用橡皮锤轻轻敲打对绕组端部整形。

5. 绕组接线

绕组接线是指完成绕组端部整形后，应将同一相绕组中各极相绕组的首尾端按一定的规律连接在一起，这时就需要参考绕组端面布线图了。

前文进行嵌线的电动机绕组为18槽2极单层交叉链式绕组，在该类绕制方式的定子绕组中，需要连接的绕组引出线及绕组接线方法请参看下面的图解演示。

【相间绝缘的方法】

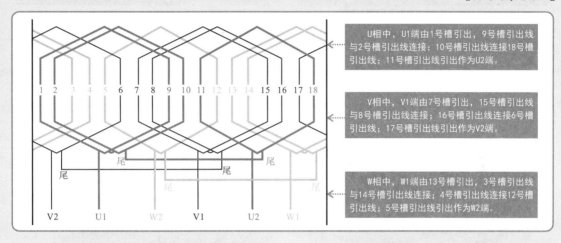

U相中，U1端由1号槽引出，9号槽引出线与2号槽引出线连接；10号槽引出线连接18号槽引出线；11号槽引出线引出作为U2端。

V相中，V1端由7号槽引出，15号槽引出线与8号槽引出线连接；16号槽引出线连接6号槽引出线；17号槽引出线引出作为V2端。

W相中，W1端由13号槽引出，3号槽引出线与14号槽引出线连接；4号槽引出线连接12号槽引出线；5号槽引出线引出作为W2端。

【绕组接线方法】

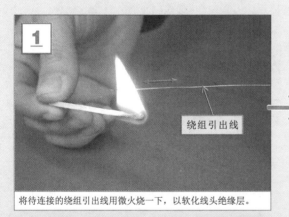

1 绕组引出线

将待连接的绕组引出线用微火烧一下，以软化线头绝缘层。

2 软布

垫上软布将绕组引出线（漆包线）的绝缘层擦掉。

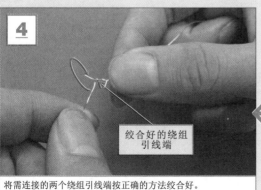

4 绞合好的绕组引线端

将需连接的两个绕组引线端按正确的方法绞合好。

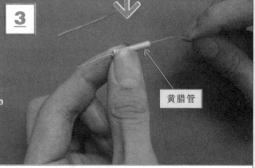

3 黄腊管

在绕组引出线一端套上黄腊管，并推到一侧，以备用。

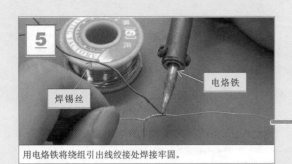

用电烙铁将绕组引出线绞接处焊接牢固。

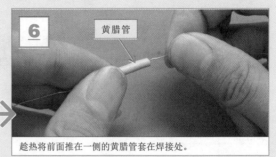

趁热将前面推在一侧的黄腊管套在焊接处。

 6. 绑扎外引线

绑扎外引线是绕组嵌线中不容忽视的一个工序，主要是将绕组端部按照一定次序将其绑扎成一个紧固的整体，其具体操作请参看下面的图解演示。

【绑扎外引线的方法】

用绝缘带将定子绕组外引线和极相组之间的连接线绑扎在绕组端部，使绕组端部形成一个紧密整体，并具有一定的牢固性。

在绑扎绕组端部时，应尽量使外引线的接头免受拉力，且应尽量使绑扎带保持整齐、美观。

 7. 连接电动机相线

电动机嵌线完成后，需要将电动机的所有引出线连接到接线端子，引入电动机接线盒的接线柱上，具体操作方法请参看下面的图解演示。

【电动机相线的连接方法】

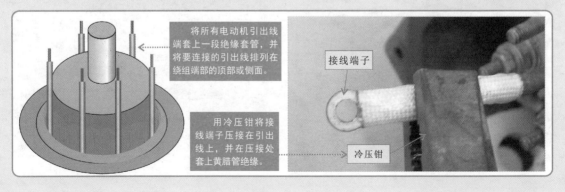

将所有电动机引出线端套上一段绝缘套管，并将要连接的引出线排列在绕组端部的顶部或侧面。

用冷压钳将接线端子压接在引出线上，并在压接处套上黄腊管绝缘。

7.4 电动机绕组的浸漆与烘干

第7章

7.4.1 电动机绕组的浸漆与烘干前的准备

浸漆和烘干电动机绕组前，应首先了解绕组浸漆与烘干的方法，并将浸漆与烘干用到的各种材料或工具设备准备齐全后，才可进行操作。

1. 绕组浸漆的常用方法

绕组浸漆时需根据电动机的大小选用合适的方法。常采用的方法主要有浇漆浸漆法和浸泡浸漆法两种。

【浇漆浸漆法】

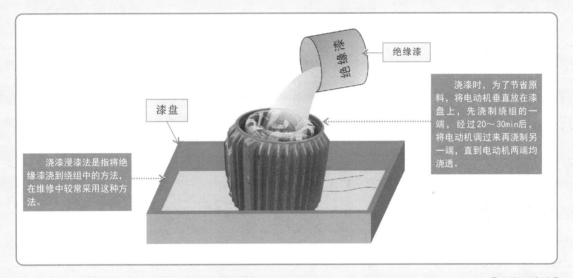

绝缘漆

漆盘

浇漆时，为了节省原料，将电动机垂直放在漆盘上，先浇制绕组的一端，经过20～30min后，将电动机调过来再浇制另一端，直到电动机两端均浇透。

浇漆浸漆法是指将绝缘漆浇到绕组中的方法，在维修中较常采用这种方法。

【浸泡浸漆法】

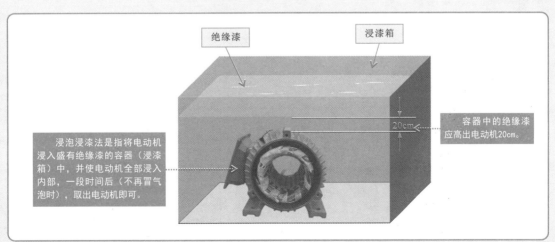

绝缘漆

浸漆箱

20cm

容器中的绝缘漆应高出电动机20cm。

浸泡浸漆法是指将电动机浸入盛有绝缘漆的容器（浸漆箱）中，并使电动机全部浸入内部，一段时间后（不再冒气泡时），取出电动机即可。

2. 绕组烘干的常用方法

绕组烘干主要是将绝缘漆中的溶剂和水分蒸干，使绕组表面的绝缘漆变为坚固的漆膜。常用的烘干方法主要有灯泡烘干法和通电烘干法。

【灯泡烘干法】

1 把灯泡放在定子绕组中间位置，不要接触绕组。

灯泡

电动机浸漆后的绕组端部

2 接通灯泡电源使其发光。

交流电源

借助灯泡散发热量对电动机绕组上的绝缘漆进行烘干，该方法一般适用于小型电动机绕组绝缘漆的烘干。

【通电烘干法】

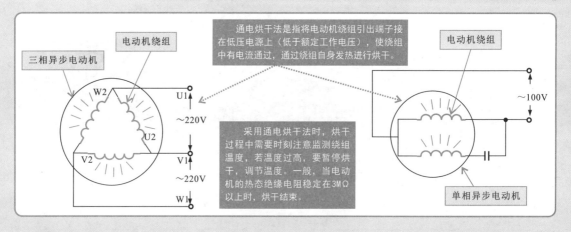

三相异步电动机

电动机绕组

通电烘干法是指将电动机绕组引出端子接在低压电源上（低于额定工作电压），使绕组中有电流通过，通过绕组自身发热进行烘干。

电动机绕组

W2 U1
U2 ~220V
V2 V1 ~220V
W1

~100V

采用通电烘干法时，烘干过程中需要时刻注意监测绕组温度，若温度过高，要暂停烘干，调节温度。一般，当电动机的热态绝缘电阻稳定在3MΩ以上时，烘干结束。

单相异步电动机

3. 绝缘漆的选择

电动机绕组浸漆与烘干中主要需要提前准备好浸漆用的绝缘漆，即需要根据被浸电动机的绝缘等级及实际应用选用合适的绝缘漆。目前，绝缘漆主要有沥青漆和清漆。

【绝缘漆】

沥青漆

清漆

特别提醒

选用绝缘漆时，需根据被浸电动机的绝缘等级及实际应用选用合适的绝缘漆。例如，应用在油性环境大的电动机，应选用耐油性好的绝缘漆。另外，沥青漆中常用的主要有醇酸绝缘漆，该类型的绝缘漆具有耐油性好、耐电弧性和漆膜平滑等优点。

在实际使用绝缘漆时还应注意，若绝缘漆浓度过高，即黏稠过度时，可以加入甲苯、二甲苯等溶液进行稀释。

7.4.2 电动机绕组的浸漆与烘干步骤

电动机绕组的浸漆和烘干也称为电动机的绝缘处理，主要有四个步骤，即预烘、绕组浸渍、浸烘处理和涂覆盖漆。

1. 预烘操作

浸漆绕组前，先将绕组预热高出线圈绝缘耐热等级5~10℃，该操作称为预烘，主要是为了将电动机绕组间隙及绝缘内部烘干，提高浸漆的质量。

> **特别提醒**
> 预烘的方法与前述绕组的绝缘软化基本相同，但目的相反。将电动机放到热烘箱中，根据电动机的类型和绝缘耐热等级调整烘干的温度和时间，达到烘干电动机绕组的目的。

2. 浸漆操作

当绕组经预烘后，温度降至60~80℃时，便可以开始浸漆。浸漆操作一般可分两次进行：第一次浸漆要求20℃时绝缘漆的黏度为18~23s；第二次浸漆一般要求20℃时绝缘漆的黏度为28~32s，可在绝缘表面形成漆膜。

【绕组的浸漆操作】

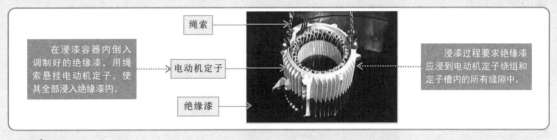

在浸漆容器内倒入调制好的绝缘漆，用绳索悬挂电动机定子，使其全部浸入绝缘漆内。

绳索

电动机定子

绝缘漆

浸漆过程要求绝缘漆应浸到电动机定子绕组和定子槽内的所有缝隙中。

3. 浸烘处理

浸烘处理就是烘干操作，使绕组表面的绝缘漆变为坚固的漆膜。绕组浸烘一般需要两个阶段。

第一阶段为低温阶段，是为使绝缘漆中的溶剂挥发，因此在烘干时温度不必太高，温度控制在70~80℃即可，一般烘2~4h。

第二阶段是高温阶段，此阶段是为了使绝缘漆聚合和基氧化，形成漆膜，此时温度需要提高到130℃±5℃。此阶段烘干时，应每隔一小时测量一次电动机的绝缘电阻值，当所测量三个连接点的绝缘电阻值不变时，此电动机烘干完成。

4. 浸覆盖漆

电动机浸烘完成后，绕组温度在50~80℃时再涂覆盖漆两次，经常工作在潮湿环境中的电动机可多涂几次漆。

第8章 电动机的常用检修方法

8.1 电动机的常用检测方法

电动机作为一种以绕组（线圈）为主要电气部件的动力设备，在检测时，主要是对绕组及传动状态进行检测，包括绕组阻值、绝缘电阻值、空载电流及转速等方面。

8.1.1 电动机绕组阻值的检测

绕组是电动机的主要组成部件，在电动机的实际应用中，其损坏的概率相对较高。检测时，一般可用万用表的电阻挡进行粗略检测，也可以使用万用电桥进行精确检测，进而判断绕组有无短路或断路故障。

1. 万用表粗略检测直流电动机绕组的阻值

用万用表检测电动机绕组的阻值是一种比较常用、简单易操作的测试方法，该方法可粗略检测出电动机内各相绕组的阻值，根据检测结果可大致判断出电动机绕组有无短路或断路故障。

【小型直流电动机绕组阻值的检测方法】

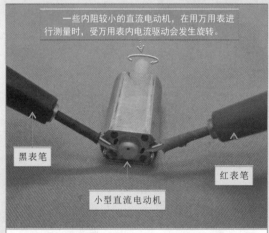

将万用表的红、黑表笔分别搭在小型直流电动机两只绕组引脚上。

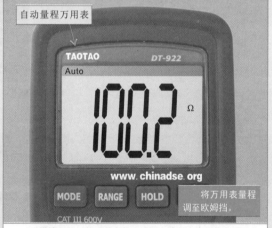

正常情况下，从万用表的显示屏上读取出实测绕组阻值为100.2Ω，电动机绕组正常。

特别提醒

若所测电动机为普通直流电动机（两根绕组引线），则其绕组阻值R应为一个固定数值。若实测为无穷大，则说明绕组存在断路故障。

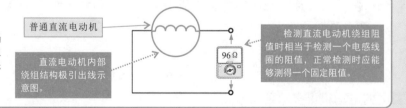

【单相异步电动机绕组阻值的检测方法】

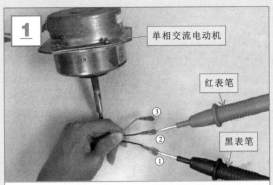

1 将万用表的红黑表笔分别搭在电动机两组绕组引出线（①、②）上。

从万用表的显示屏上读取出实测第一组绕组的阻值R_1为232.8Ω。

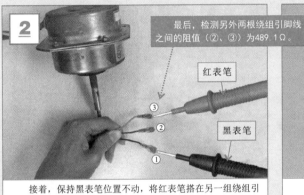

2 接着，保持黑表笔位置不动，将红表笔搭在另一组绕组引出线上（①、③）。

最后，检测另外两根绕组引脚线之间的阻值（②、③）为489.1Ω。

从万用表的显示屏上读取出实测第二组绕组的阻值R_2为256.3Ω。

特别提醒

　　若所测电动机为单相电动机（三根绕组引线），则检测两两引线之间阻值，得到的三个数值R_1、R_2、R_3应满足其中两个数值之和等于第三个值（$R_1+R_2=R_3$）。若R_1、R_2、R_3任意一阻值为无穷大，则说明绕组内部存在断路故障。

　　若所测电动机为三相电动机（三根绕组引线），则检测两两引线之间阻值，得到的三个数值R_1、R_2、R_3应满足三个数值相等

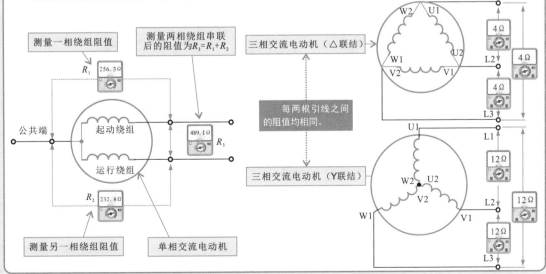

2.万用电桥精确检测电动机绕组的直流电阻

用万用电桥检测电动机绕组的直流电阻，可以精确测量出每组绕组的直流电阻值，即使微小偏差也能够发现，这是判断电动机的制造工艺和性能是否良好的有效测试方法。

【三相交流电动机绕组的直流电阻的检测方法】

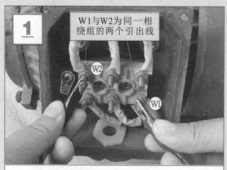

将万用电桥测试线上的鳄鱼夹夹在电动机一相绕组的两端引出线上。

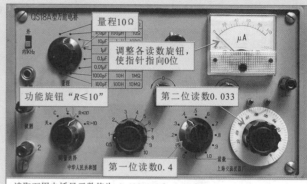

读取万用电桥显示数值为 0.433×10Ω=4.33Ω。

用同样的方法检测第二相绕组的直流电阻值。

读取万用电桥显示数值为 0.433×10Ω=4.33Ω。

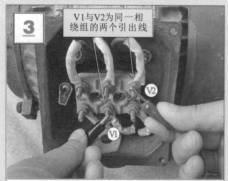

用同样的方法检测第三相绕组的直流电阻值。

读取万用电桥显示数值为 0.433×10Ω=4.33Ω。

特别提醒

正常情况下，三相交流电动机的三个绕组的直流电阻应完全相同。若所测直流电阻值存在偏差，则说明该电动机的制造工艺或材料或电源等存在偏差。这种偏差将会造成电动机绕组损伤，或电动机在运行时会出现振动和噪声较大等故障现象。

 8.1.2　电动机绝缘电阻的检测

　　电动机绝缘电阻的检测是指检测电动机绕组与外壳之间、绕组与绕组之间的绝缘性，以此来判断电动机是否存在漏电（对外壳短路）、绕组间短路的现象。测量绝缘电阻一般使用绝缘电阻表进行测试。小型直流电动机也可以使用万用表进行测试。

【电动机绕组与外壳之间绝缘电阻的检测方法】

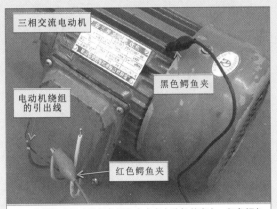

将绝缘电阻表的黑色鳄鱼夹夹在电动机外壳上，红色鳄鱼夹依次夹在电动机的各相绕组的引出线上。

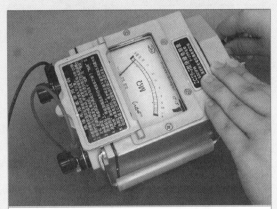

顺时针匀速转动绝缘电阻表的手柄，观察绝缘电阻表指针的摆动变化，正常情况下其阻值均为500 MΩ。

特别提醒

　　为确保测量值准确，需要待绝缘电阻表的指针慢慢回到初始位置（即10MΩ左右）后，再摇动摇杆检测其他绕组的绝缘电阻。

【电动机绕组与绕组之间绝缘电阻的检测方法】

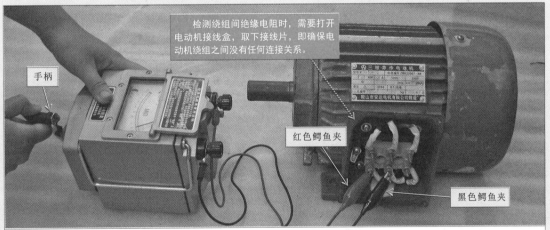

将绝缘电阻表的鳄鱼夹分别夹在不相连的两相绕组引线上，然后匀速转动绝缘电阻表的手柄，正常情况下不相连的任意两相绕组之间的阻值应为500MΩ。

特别提醒

　　若测得电动机的绕组与外壳之间的绝缘电阻值为零或阻值较小，则说明电动机绕组与外壳之间存在短路现象。若测得电动机的绕组与绕组之间的绝缘电阻值为零或阻值较小，则说明电动机绕组与绕组之间存在短路现象。

8.1.3 电动机空载电流的检测

检测电动机的空载电流就是在电动机未带任何负载的情况下检测绕组中的运行电流，多用于单相交流电动机和三相交流电动机的检测。为方便检测，测量电动机的空载电流一般使用钳形电流表进行测试。

【电动机空载电流的检测方法】

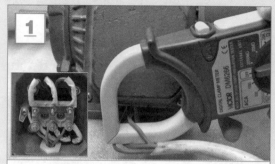

打开钳形电流表的表头，将电动机绕组输出的三根引线中的一根置于钳口内。

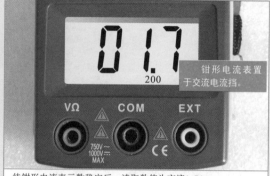

钳形电流表置于交流电流挡。

待钳形电流表示数稳定后，读取数值为交流1.7A。

用同样的方法检测另一根引线上的空载电流。

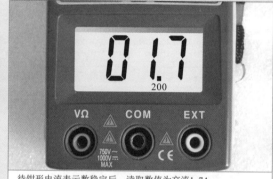

待钳形电流表示数稳定后，读取数值为交流1.7A。

用同样的方法检测最后一根引线上的空载电流。

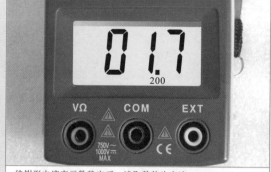

待钳形电流表示数稳定后，读取数值为交流1.7A。

特别提醒

若测得电动机的空载电流过大或三相绕组空载电流不均衡，则说明电动机存在异常。一般情况下，空载电流过大的原因主要有：电动机内部铁心短路、电动机转子与定子之间的缝隙过大、电动机线圈的匝数过少、电动机绕组连接错误。三相绕组空载电流不均衡的原因主要有：三相绕组不对称、各相绕组的线圈匝数不相等、三相绕组之间的电压不均衡、内部铁心出现短路。

另外，需要注意的是，实测电动机为2极1.5kW容量的电动机，空载电流约为额定电流（3.5A）的40%～55%（约1.7A）。

8.1.4 电动机转速的检测

电动机的转速是指电动机运行时每分钟旋转的转数。测试电动机的实际转速，并与铭牌上的额定转速进行比较，可检查电动机是否存在超速或堵转现象。检测电动机的转速一般使用专用的电动机转速表。

【电动机转速的检测方法】

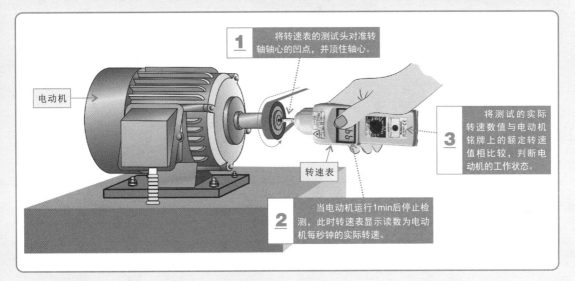

1 将转速表的测试头对准转轴轴心的凹点，并顶住轴心。

2 当电动机运行1min后停止检测，此时转速表显示读数为电动机每秒钟的实际转速。

3 将测试的实际转速数值与电动机铭牌上的额定转速值相比较，判断电动机的工作状态。

电动机

转速表

特别提醒

正常情况下，电动机的实际转速应与额定转速相同或接近。若实际转速远远大于额定转速，则说明电动机处于超速运转状态；若实际转速远远小于额定转速，则表明电动机处于负载过重或堵转状态。

检测前，首先将电动机各绕组之间的铁片取下，使各绕组之间保持绝缘；将万用表量程调至50μA挡，并将红、黑表笔分别接在某一绕组的两端；接着，匀速地转动电动机主轴一周。

观测一周内万用表指针左右摆动次数，当万用表指针摆动一次时，表明电流正负变化一个周期，为2极电动机；当万用表指针摆动两次时，则为4极电动机，以此类推，三次则为6极电动机。

根据指针左右摆动的次数来确定电动机极数，进而确定额定转速。

类型 极数	2极	4极	6极
同步电动机	3000r/min	1500r/min	1000r/min
异步电动机	2800r/min以上	1400r/min以上	900r/min以上

电动机

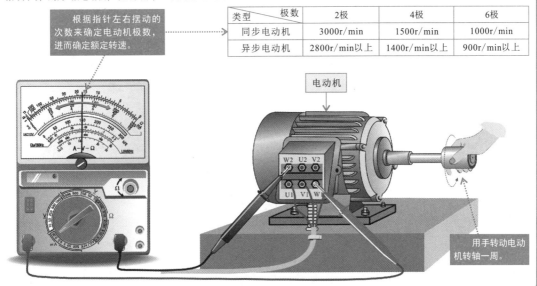

用手转动电动机转轴一周。

8.2

电动机铁心和转轴的检修方法

8.2.1 电动机铁心的检修

铁心是电动机中磁路的重要组成部分，在电动机工作过程中起到了举足轻重的作用。电动机中的铁心通常包含定子铁心和转子铁心两个部分。

【电动机铁心的结构特点】

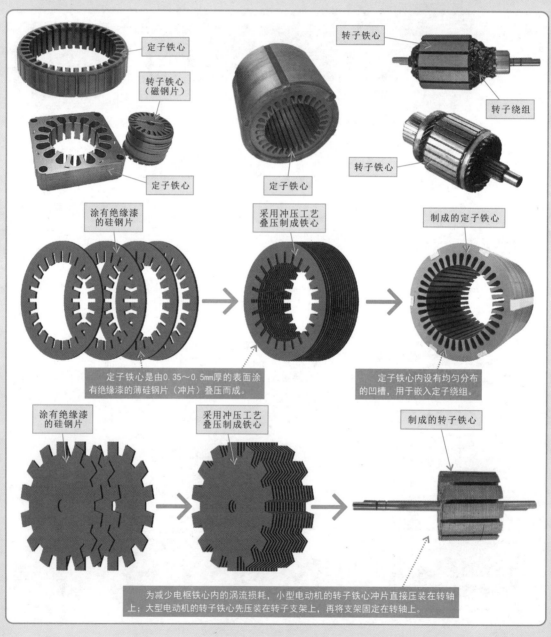

 1. 铁心表面锈蚀的检修

当电动机长期处于潮湿、有腐蚀气体的环境中时，电动机铁心表面的绝缘性会逐渐变差，容易出现锈迹腐蚀情况。若铁心出现锈蚀，则可通过打磨和重新绝缘等手段修复电动机铁心。

【铁心表面锈蚀的示意图】

【铁心表面锈蚀的检修方法】

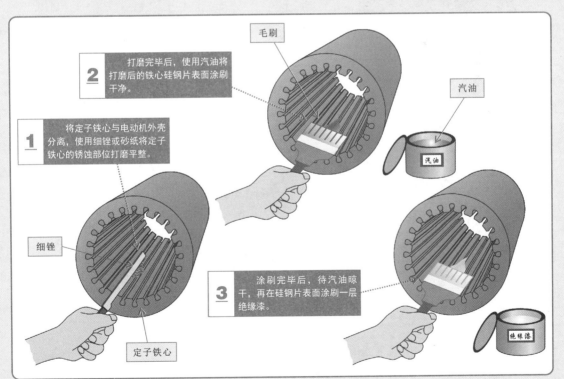

2. 定子铁心松弛的检修

电动机在运行时，铁心由于受热膨胀会受到附加压力，使绝缘漆膜压平，硅钢片间密和度降低，从而出现松动现象。铁心松动后将会产生振动，使绝缘层变薄，从而使松动现象变得更明显。

【定子铁心松弛的示意图】

松动部位

电动机外壳

定子铁心松动，多为定子铁心与电动机的外壳配合不紧，导致其中间产生空心，从而出现松动现象。

当电动机定子铁心出现松动现象时，通常松动的部位多为铁心两端，铁心中间及整体松动较少。

定子铁心

【定子铁心松弛的检修方法】

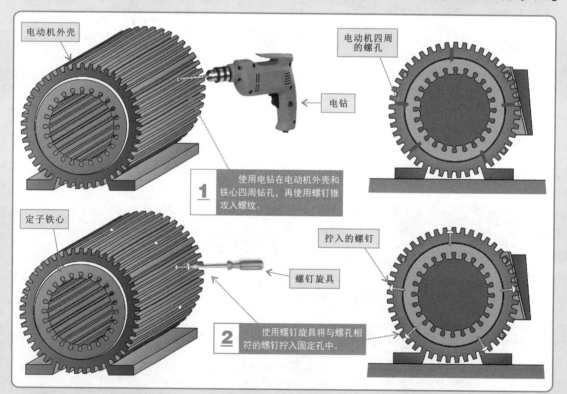

电动机外壳

电动机四周的螺孔

电钻

1 使用电钻在电动机外壳和铁心四周钻孔，再使用螺钉锥攻入螺纹。

定子铁心

拧入的螺钉

螺钉旋具

2 使用螺钉旋具将与螺孔相符的螺钉拧入固定孔中。

特别提醒

钻孔深度应保证铁心表面能被卡住定位，但不被打穿。若拧入螺钉的方法无效，则可将定子铁心压出，在铁心外表面涂刷环氧树脂胶后，再压入电动机内，经固化后粘牢。

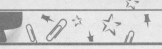

3.转子铁心松弛的检修

　　当电动机转子铁心出现松动现象时，其松动部位多为转子铁心与转轴之间的连接部位。对于该类故障可采用螺母紧固的方法进行修复。

【转子铁心松弛的示意图】

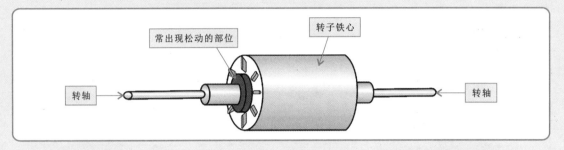

　　　　　　　　　　　　　　　　　　　　　　　　　【转子铁心松弛的检修方法】

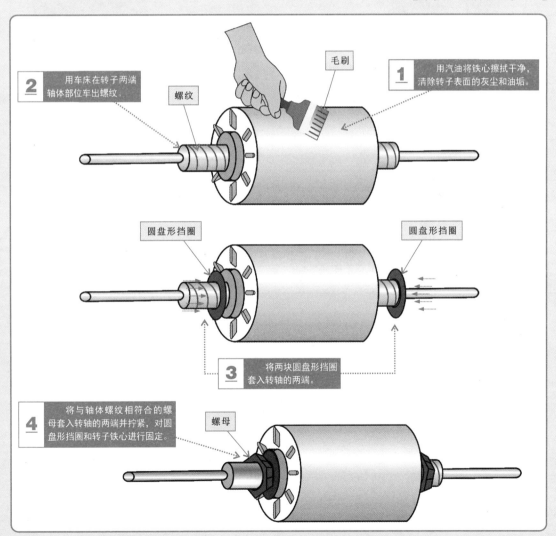

2 用车床在转子两端轴体部位车出螺纹。

螺纹

毛刷

1 用汽油将铁心擦拭干净，清除转子表面的灰尘和油垢。

圆盘形挡圈

圆盘形挡圈

3 将两块圆盘形挡圈套入转轴的两端。

4 将与轴体螺纹相符合的螺母套入转轴的两端并拧紧，对圆盘形挡圈和转子铁心进行固定。

螺母

4. 铁心烧损的检修

电动机铁心烧损主要是由于绕组短路或接地弧光引起的，当铁心出现烧损故障时，通常会在烧损部位形成深坑或烧结区。该类故障多发生在铁心槽口和铁心槽部位，在一般情况下，若铁心仅是局部烧损，且未延伸到铁心深处时，则可对烧损部位进行修补来排除故障。

【铁心烧损的检修方法】

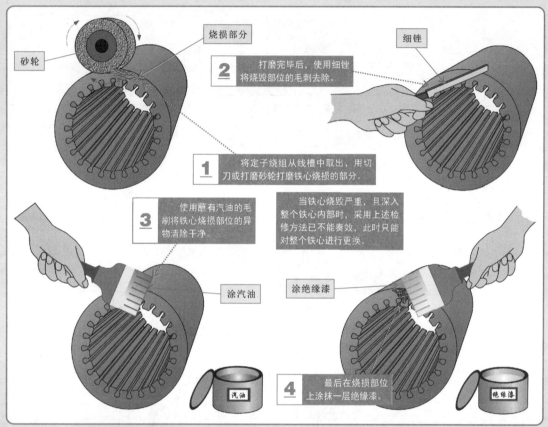

 5. 铁心扫膛的检修

引起铁心出现扫膛的原因有很多，通常可根据铁心的擦伤位置来判断产生扫膛的主要原因。

特别提醒

以下三种故障是铁心出现扫膛时的典型表现，维修人员可根据擦伤特点，进一步寻找产生故障的原因，从而排除故障。铁心扫膛的表现及原因如下：

◆ 当定子铁心四周被擦伤一圈，而转子只擦伤一处时，其故障产生的原因可能为转轴弯曲、轴承故障、转子铁心某处凸起或偏心。

◆当转子铁心四周被擦伤一圈，而定子只擦伤一处时，其故障产生的原因可能为定子铁心局部凸起；轴承磨损导致转子下沉；转子中心线偏移；定子前、后端盖与机座配合松动，使定子整体下沉。

◆ 当转子铁心两端及四周均有擦伤，而定子铁心的两端处有两处位置相反的擦伤时，其故障产生的原因可能为两端轴承严重磨损，端盖与绕组之间的配合存在间隙，导致转子轴线倾斜。

6. 铁心槽齿弯曲的检修

　　电动机铁心槽齿弯曲、变形是指铁心槽齿部分的形状发生变化，这将会导致电动机工作异常，如绕组受挤压破坏绝缘、绕制绕组无法嵌入铁心槽中等。

【铁心槽齿弯曲的示意图】

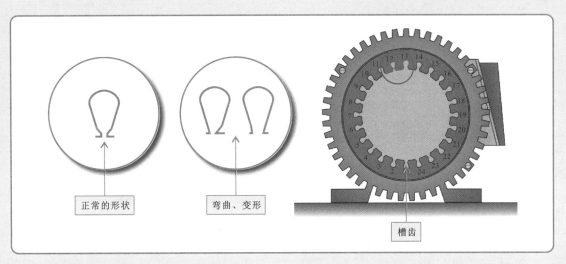

正常的形状

弯曲、变形

槽齿

特别提醒

通常，造成铁心槽齿出现弯曲、变形的原因主要有以下几点：
◆电动机发生扫膛时，与铁心槽齿发生碰撞，引起槽齿弯曲、变形。
◆拆卸绕组时，由于用力过猛，将铁心撬弯变形，从而损伤槽齿压板，使槽口宽度产生变化。
◆当铁心出现松动时，由于电磁力的作用，也会使铁心槽齿出现弯曲、变形的故障现象。
◆当铁心冲片出现凹凸不平现象时，将会造成铁心槽内不平。
◆当使用喷灯烧除旧线圈的绝缘层时，使槽齿过热而产生变形，导致冲片向外翘或弹开。

【铁心槽齿弯曲的检修方法】

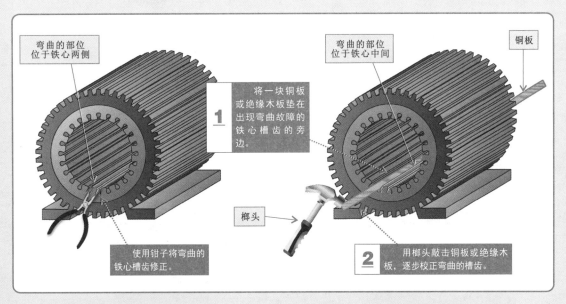

弯曲的部位位于铁心两侧

弯曲的部位位于铁心中间

铜板

1 将一块铜板或绝缘木板垫在出现弯曲故障的铁心槽齿的旁边。

钳子将弯曲的铁心槽齿修正。

榔头

2 用榔头敲击铜板或绝缘木板，逐步校正弯曲的槽齿。

8.2.2 电动机转轴的检修

转轴是电动机输出机械能的主要部件，一般是用中碳钢制成的，穿插在电动机转子铁心的中心部位，轴的两端用轴承支撑。转轴根据其表面制作工艺的不同可分为两种：一种是转轴表面采用滚花波纹工艺；另一种采用键槽工艺。

【电动机转轴的结构特点】

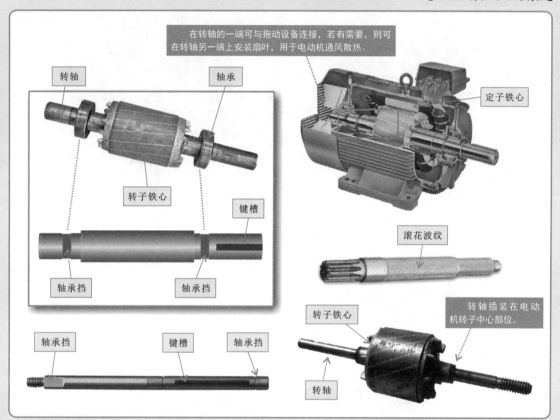

特别提醒

转轴的主要功能是作为电动机动力的输出部件，同时支撑转子铁心旋转，保持定子、转子之间有适当的气隙（蓝色）。气隙是定子与转子之间的空隙。气隙大小对电动机性能的影响很大。气隙大的时候将导致电动机空载电流增加，输出功率太小，定子、转子间容易出现相互碰撞而转动不灵活的故障。

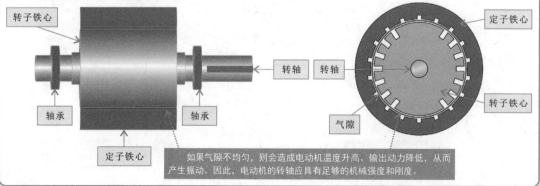

　1. 转轴弯曲的检修

　　由于转轴的工作特点，所以在大多情况下可能是由于转轴材质不好或强度不够、转轴与关联部件配合异常、正反冲击作用、拆装操作不当等造成转轴损坏。其中，电动机转轴常见的故障主要有转轴弯曲、轴颈磨损、出现裂纹、槽键磨损等。

　　转轴在工作过程中由于外力碰撞或长时间超负荷运转，所以很容易导致轴向偏差弯曲。弯曲的转轴会导致定子与转子之间相互摩擦，使电动机在运行时出现摩擦音，严重时会使转子发生扫膛事故。

【转轴弯曲的检测】

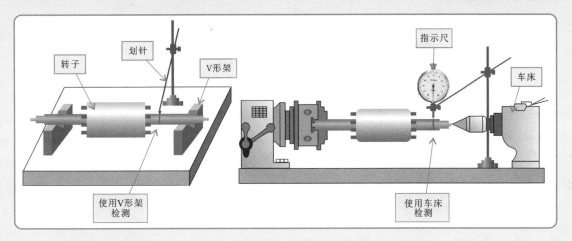

特别提醒

　　检测电动机转轴是否弯曲，一般可借助指示表进行检测，即将转轴用V形架或车床支撑，转动转轴，通过检测转轴不同部位的弯曲量判断转轴是否存在弯曲。当电动机转轴出现弯曲故障时，一般可根据转轴弯曲的程度、部位及材料、形状等不同采取不同的方法进行校直。在通常情况下，一些小型电动机中或转轴弯曲程度不大时，可采用敲打法来检修转轴；一些中型、大型电动机，或转轴材质较硬、弯曲程度稍大时，可借助专用的机床设备进行校直。

【通过敲打修复转轴】

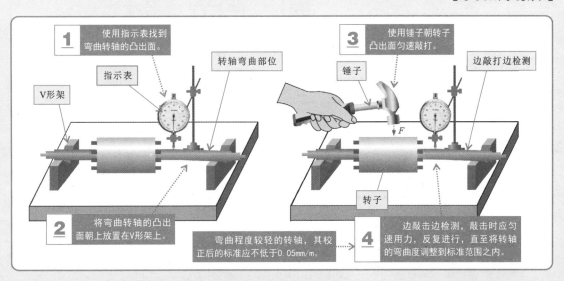

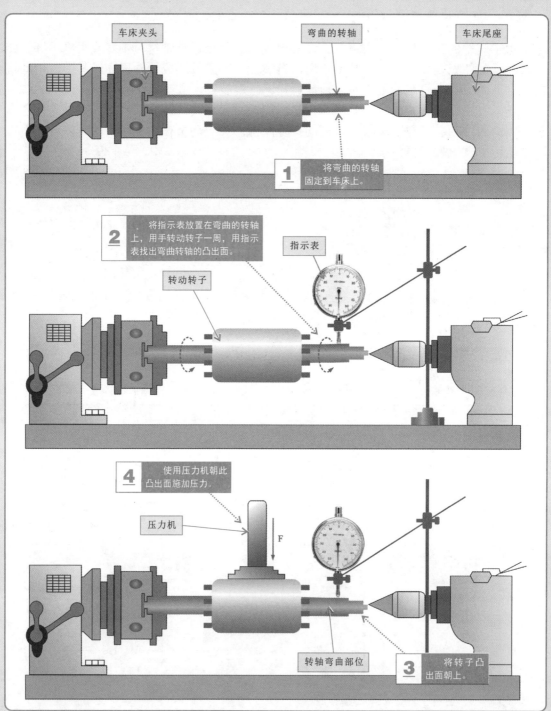

车床夹头

弯曲的转轴

车床尾座

1 将弯曲的转轴固定到车床上。

2 将指示表放置在弯曲的转轴上，用手转动转子一周，用指示表找出弯曲转轴的凸出面。

指示表

转动转子

4 使用压力机朝此凸出面施加压力。

压力机

F

转轴弯曲部位

3 将转子凸出面朝上。

特别提醒

    在转轴校直过程中，施加压力时应缓慢操作，每施压一次，应用指示表检测一次，一点一点地将转轴弯曲的部位校正过来，切勿一次施加太大的压力。若施压过大，则很容易造成转轴的二次损伤，甚至出现转轴断裂的情况。在通常情况下，弯曲严重的转轴，其校正后的标准应不低于0.2mm/m。

 2. 转轴轴颈磨损的检修

　　转轴轴颈是电动机转轴与轴承连接的部位，也是转轴最重要、最容易损坏的部分。轴颈磨损后，通常横截面呈现为椭圆形，从而造成转子的偏移，严重时，将导致转子与定子扫膛。

【转轴轴颈磨损的示意图】

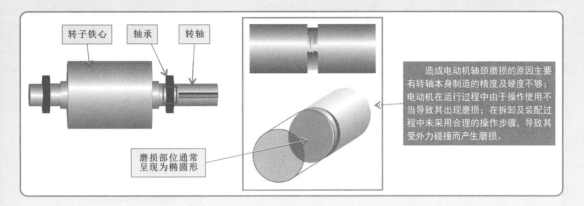

造成电动机轴颈磨损的原因主要有转轴本身制造的精度及硬度不够；电动机在运行过程中由于操作使用不当导致其出现磨损；在拆卸及装配过程中未采用合理的操作步骤，导致其受外力碰撞而产生磨损。

转子铁心　　轴承　　转轴

磨损部位通常呈现为椭圆形

特别提醒

　　电动机转轴轴颈出现磨损情况时，其轴颈通常呈现为椭圆形，对于不同颈宽的轴颈，所需的椭圆偏差值不同：轴颈为50～70mm，误差为0.01～0.03mm；轴颈为70～150mm，误差为0.02～0.04mm；转速高于1000r/min取最小值，低于1000r/min取最大值。

【转轴轴颈磨损的检测】

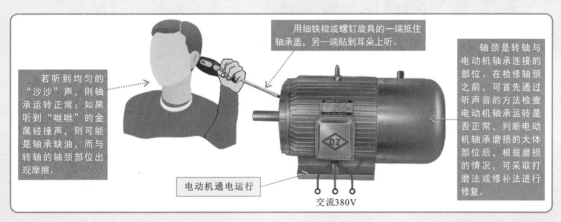

用细铁棍或螺钉旋具的一端抵住轴承盖，另一端贴到耳朵上听。

轴颈是转轴与电动机轴承连接的部位。在检修轴颈之前，可首先通过听声音的方法检查电动机轴承运转是否正常，判断电动机轴承磨损的大体部位后，根据磨损的情况，可采取打磨法或修补法进行修复。

若听到均匀的"沙沙"声，则轴承运转正常；如果听到"咝咝"的金属碰撞声，则可能是轴承缺油，而与转轴的轴颈部位出现摩擦。

电动机通电运行

交流380V

【通过打磨法修复轴颈】

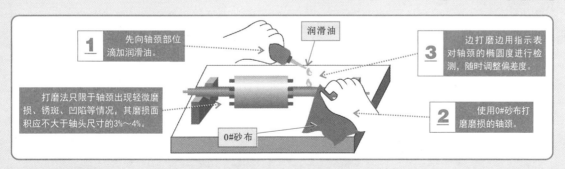

1 先向轴颈部位滴加润滑油。

润滑油

3 边打磨边用指示表对轴颈的椭圆度进行检测，随时调整偏差度。

打磨法只限于轴颈出现轻微磨损、锈斑、凹陷等情况，其磨损面积应不大于轴头尺寸的3%～4%。

2 使用0#砂布打磨磨损的轴颈。

0#砂布

【使用电焊设备修复转轴】

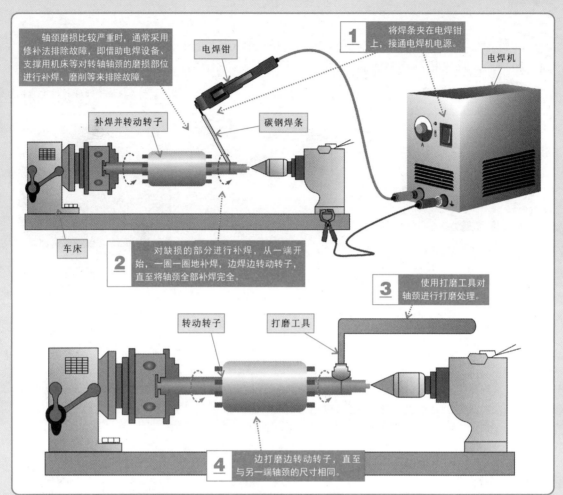

轴颈磨损比较严重时，通常采用修补法排除故障，即借助电焊设备、支撑用机床等对转轴轴颈的磨损部位进行补焊、磨削等来排除故障。

电焊钳

1 将焊条夹在电焊钳上，接通电焊机电源。

电焊机

补焊并转动转子

碳钢焊条

车床

2 对缺损的部分进行补焊，从一端开始，一圈一圈地补焊，边焊边转动转子，直至将轴颈全部补焊完全。

3 使用打磨工具对轴颈进行打磨处理。

转动转子

打磨工具

4 边打磨边转动转子，直至与另一端轴颈的尺寸相同。

 3.转轴裂纹的检修

电动机转轴出现裂纹故障是指在转轴的表面能够明显看到一些横向或纵向的裂缝，这些裂缝将导致转轴工作异常。

【转轴裂纹的示意图】

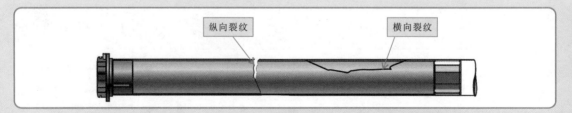

纵向裂纹

横向裂纹

特别提醒

电动机转轴出现裂纹时，应根据裂纹情况进行补救。通常对于小型电动机来说，当其转轴横向裂纹不超过转轴直径的10%~15%，轴线裂纹不超过转轴长度的10%时，可进行补焊，再重新使用。对于裂纹较为严重、转轴断裂及大中型电动机来说，采用一般的修补方法无法满足电动机对转轴的机械强度和刚度要求，这种情况需要整体更换转轴。

【通过补焊修复转轴】

1 将焊条夹在电焊钳上，接通电焊机电源，对转轴的裂纹部位进行补焊。

2 对补焊部位进行打磨处理，边打磨边用指示表对补焊的部位进行检测，直至与原轴相同。

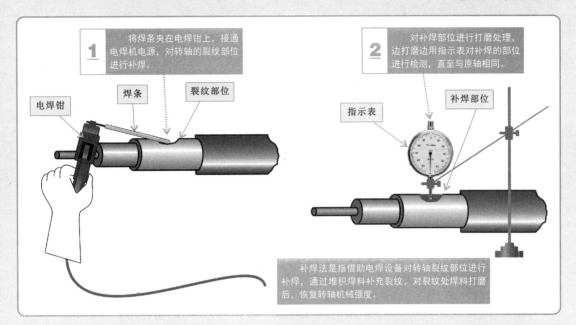

电焊钳　焊条　裂纹部位

指示表　补焊部位

补焊法是指借助电焊设备对转轴裂纹部位进行补焊，通过堆积焊料补充裂纹，对裂纹处焊料打磨后，恢复转轴机械强度。

【连接新转轴】

1 使用切刀将某一端的断裂面切平，使转轴变为两部分。

2 将切平的断轴中心处打一转孔，再借助车床设备将转轴的转孔车出螺纹。

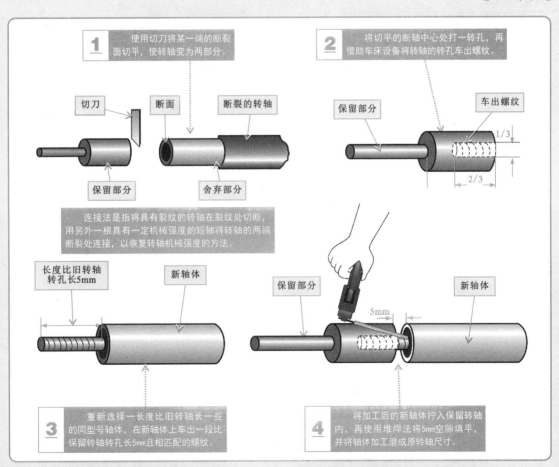

切刀　断面　断裂的转轴

保留部分　车出螺纹

1/3
2/3

保留部分　舍弃部分

连接法是指将具有裂纹的转轴在裂纹处切断，用另外一根具有一定机械强度的短轴将转轴的两端断裂处连接，以恢复转轴机械强度的方法。

长度比旧转轴转孔长5mm　新轴体

保留部分　5mm　新轴体

3 重新选择一长度比旧转轴长一些的同型号轴体，在新轴体上车出一段比保留转轴转孔长5mm且相匹配的螺纹。

4 将加工后的新轴体拧入保留转轴内，再使用堆焊法将5mm空隙填平，并将轴体加工磨成原转轴尺寸。

4. 转轴键槽磨损的检修

电动机转轴键槽是指转轴上一条长条状的槽，用来与键槽配合传递转矩。键槽损坏多是由于电动机在运行过程中出现过载或正、反转频繁运行而导致的。

【转轴裂纹的示意图】

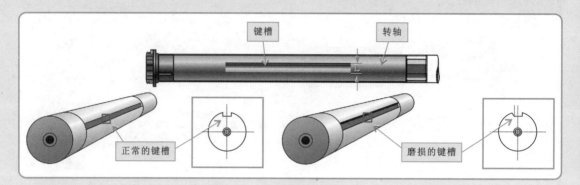

键槽　　转轴

正常的键槽　　　　磨损的键槽

特别提醒

在电动机转轴的维修中，其键槽最常见的损伤就是键槽边缘因承受压力过大，导致边缘压伤，也可称之为"滚键"。通常，键槽磨损的宽度不超过原键槽宽度的15%时，均可进行修补。根据键槽磨损程度的不同，一般可采用加宽键槽和重新加工新键槽的方法进行修复。

【加宽键槽】

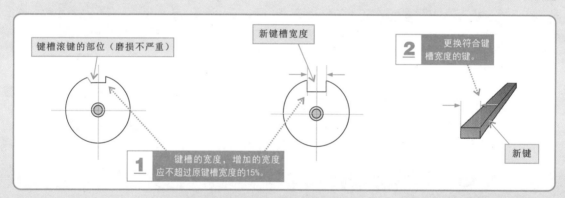

键槽滚键的部位（磨损不严重）　　　　新键槽宽度

2 更换符合键槽宽度的键。

1 键槽的宽度，增加的宽度应不超过原键槽宽度的15%。

新键

【重新加工新键槽】

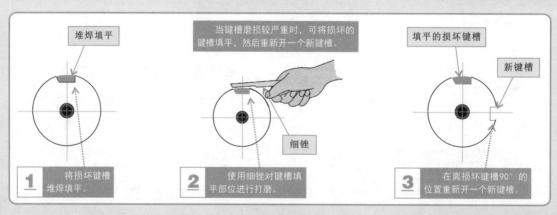

堆焊填平　　　当键槽磨损较严重时，可将损坏的键槽填平，然后重新开一个新键槽。　　　填平的损坏键槽

新键槽

细锉

1 将损坏键槽堆焊填平。

2 使用细锉对键槽填平部位进行打磨。

3 在离损坏键槽90°的位置重新开一个新键槽。

5. 转轴轴头螺纹损伤的检修

轴头螺纹损伤是指转轴与联轴器或皮带轮连接的部位由于连接不当，经长时间的运转导致轴头螺纹出现损伤，从而使主轴与联轴器或带轮连接的部位出现松动现象。

【转轴轴头螺纹损伤的检修】

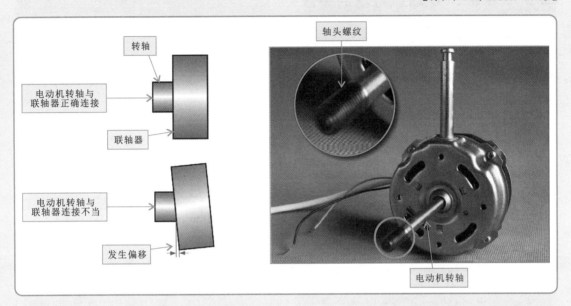

转轴

转轴

电动机转轴与联轴器正确连接

联轴器

电动机转轴与联轴器连接不当

发生偏移

轴头螺纹

电动机转轴

【转轴轴头螺纹的检修方法】

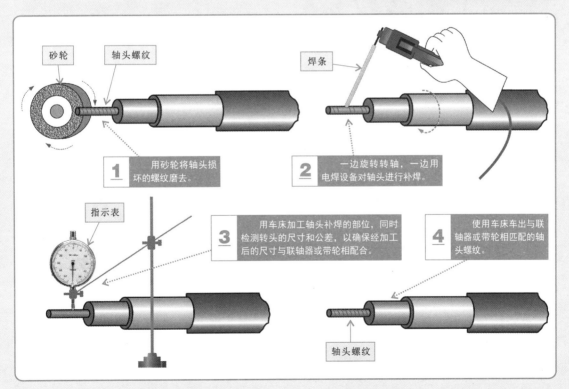

砂轮　轴头螺纹

焊条

1 用砂轮将轴头损坏的螺纹磨去。

2 一边旋转转轴，一边用电焊设备对轴头进行补焊。

指示表

3 用车床加工轴头补焊的部位，同时检测转头的尺寸和公差，以确保经过加工后的尺寸与联轴器或带轮相配合。

4 使用车床车出与联轴器或带轮相匹配的轴头螺纹。

轴头螺纹

8.3
电动机电刷、集电环和换向器的检修方法

第8章

8.3.1 电动机电刷的检修

电刷是有刷直流电动机中十分关键的部件，主要用于与集电环（或换向器）配合向转子绕组传递电流。在直流电动机中，电刷还担负着对转子绕组中的电流进行换向的任务。

【电动机电刷的结构】

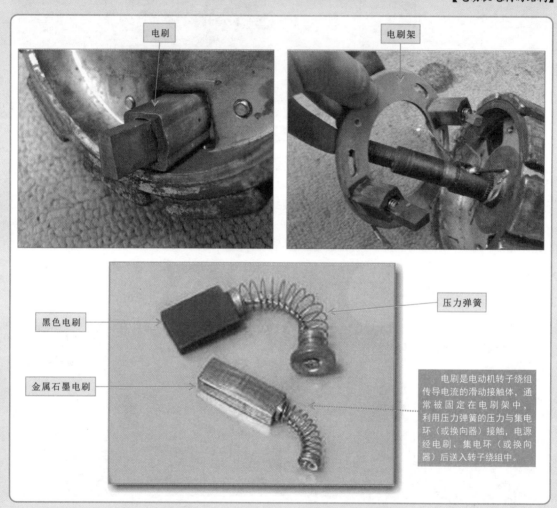

电刷

电刷架

压力弹簧

黑色电刷

金属石墨电刷

电刷是电动机转子绕组传导电流的滑动接触体，通常被固定在电刷架中，利用压力弹簧的压力与集电环（或换向器）接触，电源经电刷、集电环（或换向器）后送入转子绕组中。

特别提醒

电刷具有导电、导热及润滑性能良好的特点，并且具有一定的机械强度。根据电刷的材料和生产方法，常见的电刷有金属石墨电刷和黑色电刷两种。金属石墨电刷中含有色金属，主要是铜粉、银粉，其次是铅粉、锡粉、氧化铅粉和石墨粉等。黑色电刷选用石油焦、沥青焦、炭黑、木炭及天然石墨粉等加入部分粘结剂而制成的。

电动机在工作过程中，电刷与集电环（或换向器）直接摩擦，为转子绕组供电，因而电刷在电气方面和机械方面都可能产生故障。常见的故障表现为电刷过热、电刷与集电环（或换向器）之间产生火花、电刷磨损过快、电刷振动、噪声大等。

1. 电刷过热的检修

电动机电刷过热是指在电动机运转过程中电刷出现温升过高、过热的现象。电刷过热会影响电刷的使用寿命，在一定程度上也反映出电刷处于非正常的工作状态，需要检查和修理。

【电刷过热的原因】

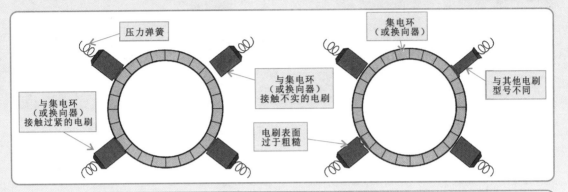

特别提醒

根据维修经验可知，造成电动机电刷过热的原因主要有以下几个方面：

◆电刷承受的压力过大，导致电刷与集电环（或换向器）在运行过程中出现机械磨损而产生发热现象。

◆对于维修过的电刷，因更换了错误型号的电刷，导致电刷性能不符合工作要求，其电刷的电阻值将高于额定电阻值，从而产生过热现象。

◆集电环（或换向器）表面粗糙致使摩擦阻力过大，使电动机负载过大。

◆当集电环（或换向器）上设有多个电刷时，若某一电刷与集电环（或换向器）接触不良，将导致其他电刷因承担过多的电流而产生发热的现象。

【电刷过热的检测】

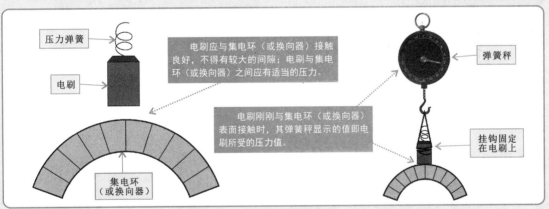

特别提醒

在一般情况下，电动机电刷过热以压力过大最为常见。检修之前，可重点检测电刷的压力弹簧是否调整好，是否存在使用了不同规格的压力弹簧而导致电刷压力过大。当所检测的电刷压力与电动机所需的压值产生变化时，应及时更换与电动机所需压值相符的电刷。常见电刷的正常压力见下表。

电刷型号	电刷压力/kPa	电刷型号	电刷压力/kPa
D104（DS4）	1.5～20.0	D252（DS52）	20.0～25.0
D214（DS14）	20.0～40.0	D172（DS72）	15.0～20.0
D308（DS18）	20.0～40.0	D176（DS76）	20.0～40.0

　　若经检测发现电动机不同电刷的压力值也不相同，即导致有些电刷压力过大，进而出现电刷过热故障时，通常采用更换电刷来排除故障，且为确保更换电刷后所有电刷的压力保持一致，一般将电动机中的所有电刷同时用同规格的电刷更换。

【电动机电刷的代换方法】

将电刷与电源、定子绕组之间的连接引线分离。

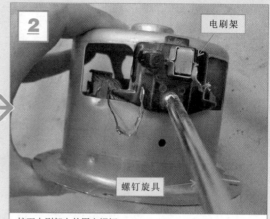

拧下电刷架上的固定螺钉。

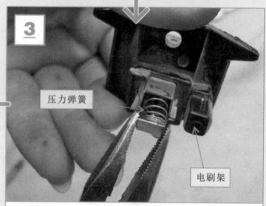

将电刷架连同电刷一起从电动机中取出。

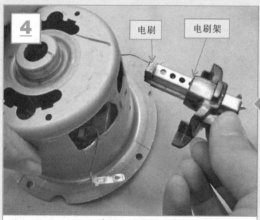

掰开电刷架一端的金属片，即可看到所连接的电刷引线及压力弹簧。

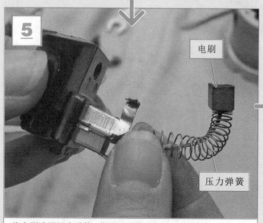

将电刷连同压力弹簧一起从电刷架中抽出。

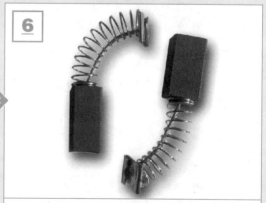

选择一根与损坏电刷规格型号完全一致的电刷代换，重新安装。

 2. 电刷磨损过快的检修

在正常情况下，电动机电刷允许一定程度的正常磨损，但如果电刷磨损过快，则说明存在异常情况，特别是同一组电刷中，一侧电刷磨损明显大于另一侧电刷磨损的情况。

【电刷磨损过快的示意图】

电刷架

电刷架

出现严重
磨损的电刷

正常轻微
磨损的电刷

特别提醒

根据维修经验可知，造成电刷磨损过快的原因主要有以下几点：
◆ 电刷承受压力过大。
◆ 电刷含碳量过多，即材料成分不合格或更换错误型号的电刷。
◆ 电动机长期处于温度过高或湿度过高的环境下工作。
◆ 集电环（或换向器）表面粗糙，电刷在运行过程中，磨损过大或产生火花的。检修时，应根据具体情况，找出电刷磨损的具体原因，观察电刷的磨损情况，当电刷磨损高度占电刷原高度的1/2以上时，需更换电刷。

电刷作为电动机的关键部件，若安装不当，不仅容易造成磨损，严重时还可能在通电工作时与集电环（或换向器）之间产生严重火花，损坏集电环（或换向器）。因此，在更换新电刷时应注意以下几点：
◆ 更换时，应保证电刷与原电刷的型号一致，否则更换后，可能会出现电流分布不均匀的现象。
◆ 更换电刷时，最好一次全部更换，如果新旧混用，可能出现接触状态不良导致电刷过热的故障现象。
◆ 为了使电刷与集电环（或换向器）接触良好，新电刷应该进行弧度研磨，研磨弧度一般在电动机上进行。在电刷与集电环（或换向器）之间放置一张细玻璃砂纸，在正常的弹簧压力下，沿电动机旋转方向研磨电刷，砂纸应该尽量贴紧集电环（或换向器），直至电刷弧面吻合，然后取下砂纸，用压缩空气吹净粉尘，并用软布擦拭干净。

 3. 电刷与集电环（或换向器）之间产生火花的检修

电动机电刷与集电环（或换向器）之间产生火花是指在电动机运转过程中电刷与集电环（或换向器）之间出现打火现象。如果火花过大或打火严重，将引起集电环（或换向器）氧化或烧损、电刷过热等故障。

特别提醒

根据维修经验可知，造成电动机电刷与集电环（或换向器）之间产生火花的原因主要有以下几个方面：
◆ 电刷在电刷架中出现过松现象。其间隙过大，电刷会在架内产生摆动，不仅出现噪声，更重要的是出现火花，对集电环（或换向器）产生破坏性影响。
◆ 电刷在电刷架中出现过紧的现象。其间隙过小，可能造成电刷卡在刷架中，弹簧无法压紧电刷，电动机因接触不稳定而产生火花。
◆ 电刷磨损严重、压力弹簧因受热而弹力减小时，导致电刷所受压力减小，造成电刷与集电环（或换向器）因接触不良而产生火花。

【电刷与电刷架之间的间隙】

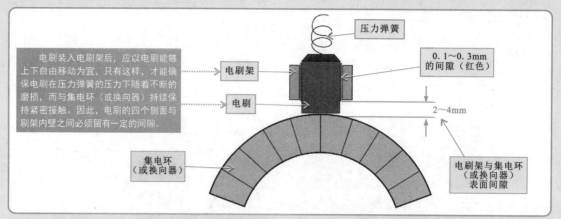

电刷装入电刷架后，应以电刷能够上下自由移动为宜，只有这样，才能确保电刷在压力弹簧的压力下随着不断的磨损，而与集电环（或换向器）持续保持紧密接触。因此，电刷的四个侧面与刷架内壁之间必须留有一定的间隙。

压力弹簧

电刷架

电刷

0.1～0.3mm 的间隙（红色）

2～4mm

集电环（或换向器）

电刷架与集电环（或换向器）表面间隙

特别提醒

在检修电刷与集电环（或换向器）之间产生火花的故障时，若检查电刷规格、压力弹簧压力及电刷架均无异常，则可通过打磨电刷与集电环（或换向器）的接触面，实现电刷与集电环（或换向器）的良好接触。

【打磨电刷与集电环（或换向器）的接触面】

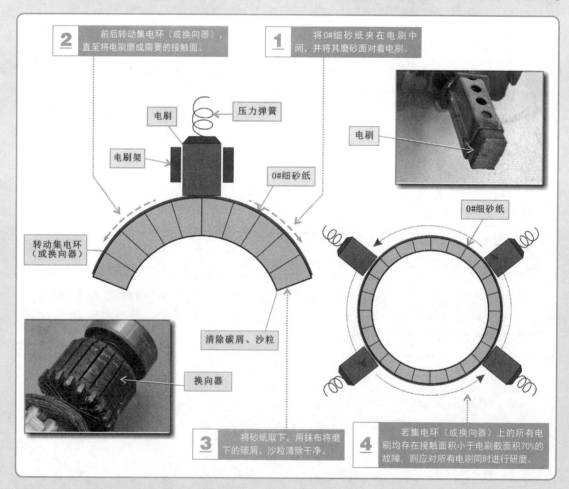

2 前后转动集电环（或换向器），直至将电刷磨成需要的接触面。

1 将0#细砂纸夹在电刷中间，并将其磨砂面对着电刷。

电刷

压力弹簧

电刷架

0#细砂纸

电刷

0#细砂纸

转动集电环（或换向器）

清除碳屑、沙粒

换向器

3 将砂纸取下，用抹布将磨下的碳屑、沙粒清除干净。

4 若集电环（或换向器）上的所有电刷均存在接触面积小于电刷截面积70%的故障，则应对所有电刷同时进行研磨。

8.3.2 电动机集电环（或换向器）的检修

电动机的集电环（或换向器）通常安装在电动机转子上，通过铜条导体直接与转子绕组连接，用于与电刷配合为转子绕组供电。

【电动机集电环（或换向器）的结构】

换向器

换向器

换向器

铜条导体

换向器

集电环根据制造工艺的不同可分为多种类型。目前，常用的集电环结构形式有塑料集电环、紧固式集电环、支架紧固式集电环、热套集电环等。

换向器主要用在直流有刷电动机中，由多根竖排铜条制成，每根铜条之间彼此采用绝缘材料绝缘。

集电环多应用于三相有刷电动机中，主要由导电部分、绝缘部分和接线柱3个主要部分组成。

接线柱

集电环

导电部分（铜环）

绝缘部分

集电环的导电部分具有机械强度较大，耐腐蚀性、耐磨性较强，稳定地滑动接触等特性，多采用铜或青铜制成。

集电环

1. 换向器氧化磨损的检修

换向器在长期的使用过程中，由于长期磨损、磕碰或频繁拆卸等，经常会引起换向器导体表面、壳体等部位出现氧化、磨损、裂痕、烧伤等故障。当以上损伤严重时，可能导致换向器内部接触不良引发过热现象，出现换向器与绕组的连接不良，进而导致电动机异常的故障。

【换向器氧化磨损的示意图】

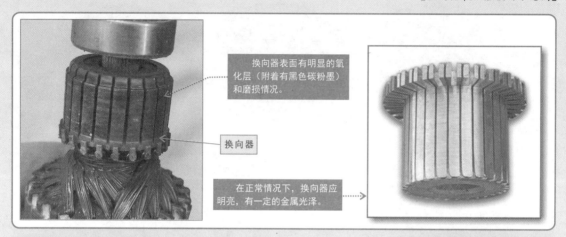

换向器表面有明显的氧化层（附着有黑色碳粉墨）和磨损情况。

换向器

在正常情况下，换向器应明亮，有一定的金属光泽。

【换向器氧化磨损的检修方法】

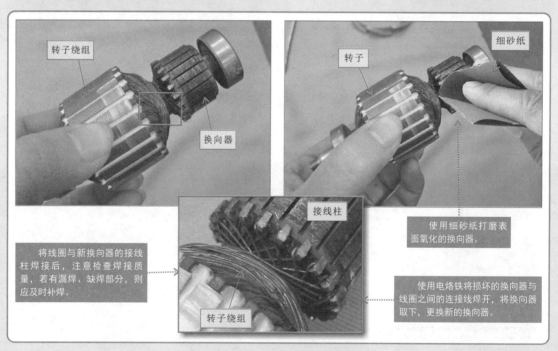

转子绕组

换向器

将线圈与新换向器的接线柱焊接后，注意检查焊接质量，若有漏焊、缺焊部分，则应及时补焊。

接线柱

转子绕组

转子

细砂纸

使用细砂纸打磨表面氧化的换向器。

使用电烙铁将损坏的换向器与线圈之间的连接线焊开，将换向器取下，更换新的换向器。

特别提醒

若换向器外观无明显磨损情况，且氧化现象不严重时，可用砂纸打磨换向器表面；若电动机换向器出现较严重的磨损情况，导致换向器已经无法正常工作时，则应选用新的同规格的换向器更换。

2. 集电环铜环松动的检修

集电环上的铜环松动，通常会造成集电环与电刷因接触不稳定产生打火现象，使集电环表面出现磨损或过热现象。

【集电环铜环松动的示意图】

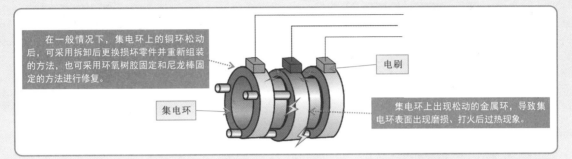

在一般情况下，集电环上的铜环松动后，可采用拆卸后更换损坏零件并重新组装的方法，也可采用环氧树胶固定和尼龙棒固定的方法进行修复。

电刷

集电环

集电环上出现松动的金属环，导致集电环表面出现磨损、打火后过热现象。

【集电环铜环松动的检修方法】

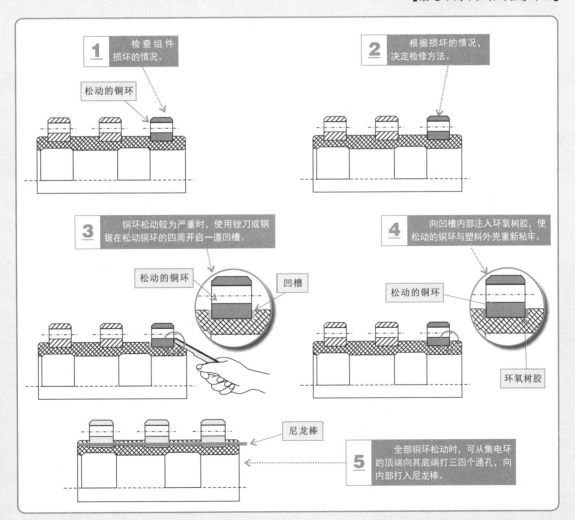

1 检查组件损坏的情况。

松动的铜环

2 根据损坏的情况，决定检修方法。

3 铜环松动较为严重时，使用锉刀或钢锯在松动铜环的四周开启一道凹槽。

松动的铜环

凹槽

4 向凹槽内部注入环氧树胶，使松动的铜环与塑料外壳重新粘牢。

松动的铜环

环氧树胶

尼龙棒

5 全部铜环松动时，可从集电环的顶端向其底端打三四个通孔，向内部打入尼龙棒。

3. 集电环发热严重的检修

当集电环的某一铜环温度明显高于其他铜环温度时，通常是由于接线杆与该铜环连接部位的电阻较大而造成的发热现象。

【集电环发热严重的检修方法】

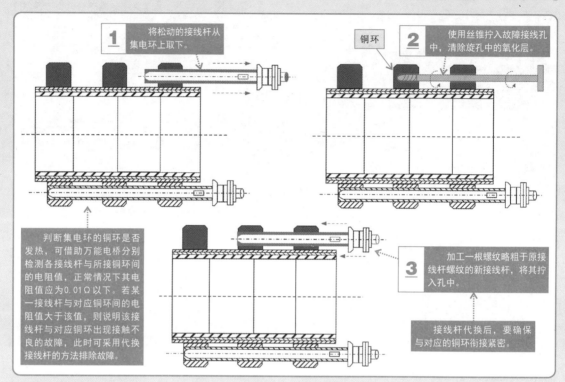

特别提醒

判断集电环的铜环是否会过热，可借助万能电桥分别检测各接线杆与所接铜环间的电阻值。在正常情况下，所测量的电阻值应该在0.01Ω以下。

◆将集电环从电动机转子上取下。

◆将万用电桥的测量选择钮调至$R \leqslant 10$处，量程应选择1Ω挡。

◆将万用电桥的黑色鳄鱼夹接在集电环的铜环上，红色鳄鱼夹接在集电环的各接线杆上。

◆反复调整损耗因数和读数的相关旋钮，使指示表的指针指向0位。

◆读取结果。

4. 集电环的铜环间短路的检修

集电环的铜环间短路是指集电环中原本绝缘的铜环之间发生接触，通常是由于接线杆绝缘套管破损或铜环间的塑料出现开裂进入异物（如电刷磨损掉落的碳粉）造成的。

判断集电环的铜环间是否短路，可借助万用表检测铜环间的绝缘电阻来判断。当任意两个铜环间的电阻值较小时，则表明该电动机的集电环存在短路现象。

集电环除铜环间出现短路情况外，还会出现铜环与钢制轴套间的短路故障。当出现该类故障时，由于其故障产生在集电环的内部，所以很难维修，此时可以整体更换集电环。

第9章　电动机的日常保养与维修

9.1　电动机主要部件的日常保养

在实际维修电动机过程中，电动机的大多数故障都是因日常保养工作不到位造成的，特别是有些操作人员根本不注重养护或不知道如何养护，在发现电动机故障时，只能进行维修，不仅提高了成本，还十分耗时耗力。这里，我们对电动机需要重点保养的几个方面进行介绍，如电动机表面、转轴、电刷、铁心、风扇、轴承等。

9.1.1　电动机表面的保养

电动机在使用一段时间后，由于工作环境的影响，在其表面上可能会积上灰尘和油污，所以会影响电动机的通风散热，严重时还会影响电动机的正常工作。

【电动机表面的保养】

| 检查电动机表面有无明显堆积的灰尘或油污。 | 用软毛刷清扫电动机表面堆积的灰尘。 | 用毛巾蘸少许汽油擦拭电动机表面的油污、杂质等。 |

9.1.2　电动机转轴的保养

在日程使用和工作中，由于转轴的工作特点，可能会出现锈蚀、脏污等情况，若这些情况严重，将直接导致电动机不起动、堵转或无法转动等故障。对转轴进行保养时，应先用软毛刷清扫表面的污物，然后用细砂纸包住转轴，用手均匀转动细砂纸或直接用砂纸擦拭，即可除去转轴表面的铁锈和杂质。

【电动机转轴的保养】

检查电动机转轴表面有无锈蚀、杂质等脏污。

去锈渍后，要注意最后的清扫环节，避免有杂质留在转轴表面上。

用砂纸打磨电动机转轴表面的锈渍、脏污、杂质等，恢复其金属特性。

9.1.3 电动机电刷的保养

电刷是有刷类电动机的关键部件。若电刷异常，将直接影响电动机的运行状态和工作效率。根据电刷的工作特点，在一般情况下，电刷出现异常主要是由电刷或电刷架上碳粉堆积过多、电刷长时间使用后严重磨损、电刷在电刷架中活动受阻等原因引起的，因此，在对电刷进行日常养护时，重点应放在以下几个方面。

【电动机电刷的保养】

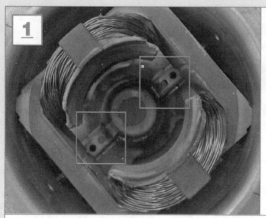

检查电刷磨损情况，不得低于原长度的1/3。

对电刷进行保养操作中，需要重点检查电刷的磨损情况。一般情况下，当电刷磨损至原有长度的1/3时，就要及时更换，否则可能会造成电动机工作异常，严重时还会使电动机出现更严重的故障。

电刷架

电刷

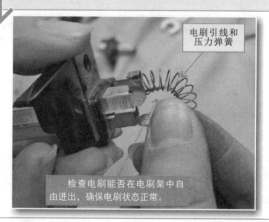

电刷引线和压力弹簧

检查电刷能否在电刷架中自由进出，确保电刷状态正常。

定期检查电刷在电刷架中的活动情况，在正常情况下，要求电刷应能够在电刷架中自由活动。若电刷卡在电刷架中，则无法与集电环（或换向器）接触，电动机无法正常工作。

特别提醒

在有刷电动机的运行工作中，电刷需要与集电环（或换向器）接触，因此，在电动机转子带动集电环（或换向器）的转动过程中，电刷会存在一定程度的磨损，电刷磨损下来的碳粉很容易堆积在电刷与电刷架上，这就要求电动机保养维护人员应定期清理电刷和电刷架，以确保电动机正常工作。

在对电刷进行养护时，需要查看电刷引线有无变色，并依此了解电刷是否过载、电阻偏高或导线与刷体连接不良的情况，这样有助于及时预防故障的发生。

在有刷电动机中，电刷与集电环（或换向器）是一组配套工作的部件，对电动机电刷进行养护操作时，同样还需要对集电环（或换向器）进行相应的保养和维护，如清洁集电环（或换向器）表面的碳粉、打磨换向器表面的毛刺或麻点、检查集电环（或换向器）表面有无明显不一致的灼痕等，以便及时发现故障隐患，并排除故障。

9.1.4 电动机散热叶片的保养

散热叶片用来为电动机通风散热，正常的通风散热是电动机正常工作的必备条件之一。对电动机散热叶片进行养护主要包括检查散热叶片有无破损、散热叶片表面有无油污、散热叶片卡扣是否出现裂痕损坏等。若有上述情况，将直接影响电动机的正常运转。

【电动机散热叶片的保养】

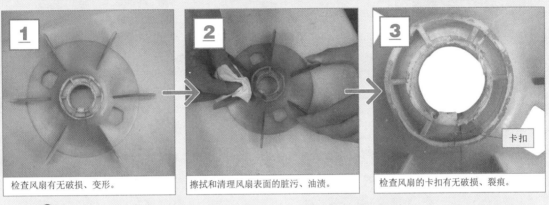

检查风扇有无破损、变形。	擦拭和清理风扇表面的脏污、油渍。	检查风扇的卡扣有无破损、裂痕。

9.1.5 电动机铁心的保养

电动机中的铁心可以分为静止的定子铁心和转动的转子铁心。为了确保其能够安全使用，并延长使用寿命，在保养时，可用毛刷或铁钩等定期清理，去除铁心表面的脏污、油渍等。

【电动机铁心的保养】

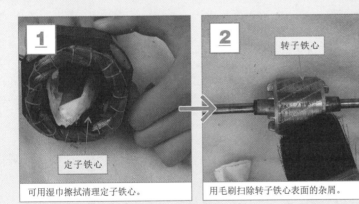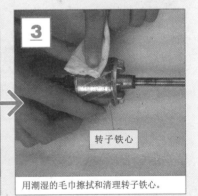

可用湿巾擦拭清理定子铁心。	用毛刷扫除转子铁心表面的杂屑。	用潮湿的毛巾擦拭和清理转子铁心。

9.1.6 电动机轴承的保养

电动机轴承是支承转轴旋转的关键部件，一般可分为滚动轴承和滑动轴承两大类。其中，滚动轴承又可分为滚珠轴承和滚柱轴承两种。在小型电动机中，一般采用滚珠轴承；在中型电动机中，通常采用两种轴承，分别是传动端的滚柱轴承和另一端的滚珠轴承；在大型电动机中，一般都会采用滑动轴承。

【电动机常见轴承及磨损示意图】

滚动轴承

滑动轴承

滚珠轴承

滚柱轴承

由于电动机经过一段时间的使用后，会因润滑脂变质、渗漏等情况造成轴承磨损、间隙增大。此时，轴承表面温度升高，运转噪声增大，严重时还可能使定子与转子相接触。

在一般情况下，电动机使用2000h后，应清洗和涂抹润滑脂。

润滑不及时造成轴承损伤

轴承

润滑不及时引起的划痕

对电动机轴承进行养护操作可分为3个步骤，即准备清洗润滑的材料、清洗轴承、清洗后检查轴承及润滑轴承。

 1. 轴承的清洗

在清洗轴承时，根据不同情况的轴承可以采用不同的洗清方法，即热油清洗法、普通清洗法和淋油（油枪喷射法）。用热油法清洗轴承是指将轴承放在100℃左右的热机油中进行清洗的方法，适用于使用时间过久，轴承上防锈膏及润滑脂硬化的轴承的清洗。

【采用热油清洗法清洗轴承】

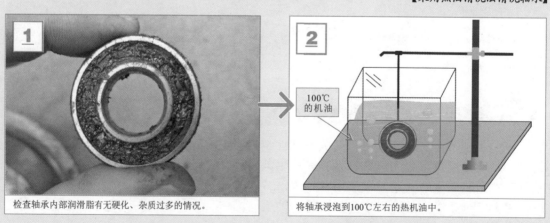

1

检查轴承内部润滑脂有无硬化、杂质过多的情况。

2

100℃的机油

将轴承浸泡到100℃左右的热机油中。

【采用热油清洗法清洗轴承（续）】

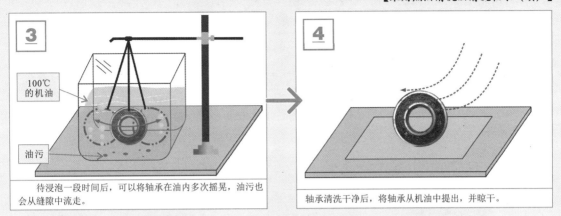

3
100℃的机油
油污

待浸泡一段时间后，可以将轴承在油内多次摇晃，油污也会从缝隙中流走。

4

轴承清洗干净后，将轴承从机油中提出，并晾干。

特别提醒

　　清洗后的轴承可用干净的布擦干，注意不要用掉毛的布，然后晾在干净的地方或选一张干净的白纸垫好。清洗后的轴承不要用手摸，为了防止手汗或水渍腐蚀轴承，也不要清洗后直接涂抹润滑脂，否则会引起轴承生锈，要晾干后才能填充润滑剂或润滑脂。

　　在日常保养和维修过程中，电动机的轴承锈蚀或油污不严重时，一般可采用煤油浸泡的方法进行清洗，该方法操作简单，安全性好。

【采用普通清洗法清洗轴承】

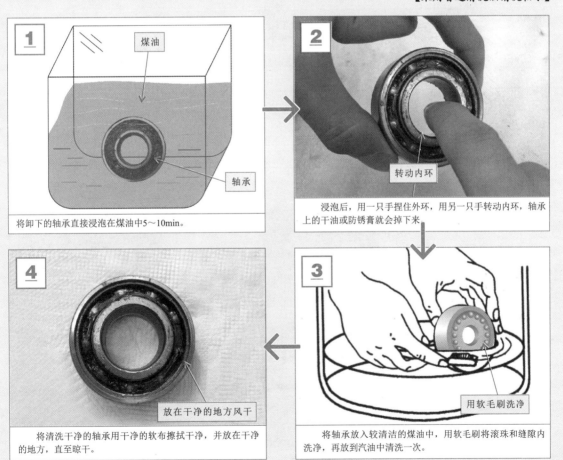

1
煤油
轴承

将卸下的轴承直接浸泡在煤油中5～10min。

2
转动内环

浸泡后，用一只手捏住外环，用另一只手转动内环，轴承上的干油或防锈膏就会掉下来

3
用软毛刷洗净

将轴承放入较清洁的煤油中，用软毛刷将滚珠和缝隙内洗净，再放到汽油中清洗一次。

4
放在干净的地方风干

将清洗干净的轴承用干净的软布擦拭干净，并放在干净的地方，直至晾干。

淋油法清洗轴承是指将清洗用的煤油灯淋在需要清洗的轴承上，对其进行清洗，适用于对安装在转轴上的轴承进行清洗，一般可在日常保养操作中进行，无须将轴承卸下，可有效降低拆卸轴承的损伤几率。

【采用淋油法清洗轴承】

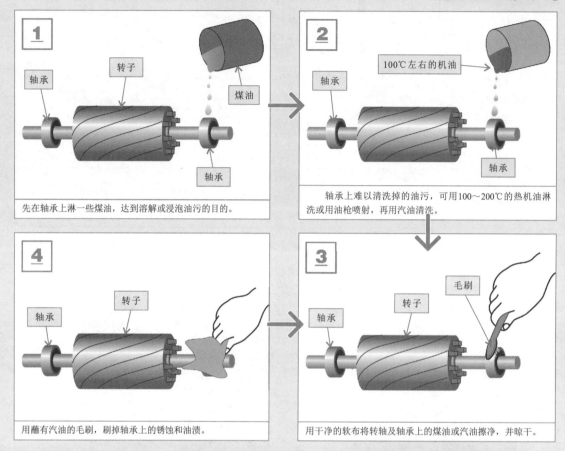

1 先在轴承上淋一些煤油，达到溶解或浸泡油污的目的。

2 轴承上难以清洗掉的油污，可用100～200℃的热机油淋洗或用油枪喷射，再用汽油清洗。

4 用蘸有汽油的毛刷，刷掉轴承上的锈蚀和油渍。

3 用干净的软布将转轴及轴承上的煤油或汽油擦净，并晾干。

特别提醒

　　淋油法清洗轴承一般适用于清洗安装在转轴上的轴承。清洗时，一定要注意不要使用锋利的工具刮到轴承上难以清洗的油污或锈蚀，以免损坏轴承，破坏轴承滚动体和槽环部位的表面粗糙度。

　　清洗轴承是电动机日常维护和保养工作中的重要项目。一般，若轴承拆卸完成后，检查轴承是否还能使用；若不能使用，则需更换型号相同的轴承；若还能使用，则在装配前需要清洗。不同应用环境和不同锈蚀脏污程度的轴承，可根据实际情况采用不同的方法清洗。上述的几种方法是几种较常见的方法，保养和维护人员可在实际操作中灵活运用，应注意人身和设备安全，在遵守操作规程的条件下，找出最适合的清洗轴承的方法。

2.清洗后检查轴承

轴承清洗后，在进行润滑操作之前，还需要对轴承外观、游隙等进行检查，初步判断轴承能否继续使用。

【清洗后轴承的检查】

用手用力上下提拉轴承的外圈，如有明显的松动感，则说明轴承的游隙可能过大。

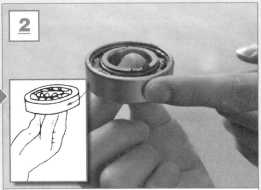

用一只手捏住轴承内圈，另一只手推动外钢圈使其旋转，若轴承良好，则旋转平稳无停滞，若转动中有杂声或突然停止，则表明轴承已损坏。

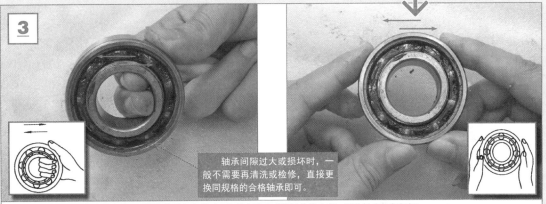

轴承间隙过大或损坏时，一般不需要再清洗或检修，直接更换同规格的合格轴承即可。

将轴承握入手中，前后晃动或双手握住轴承左右晃动，如果有较大或明显的撞击声，则此轴承可能损坏。

特别提醒

轴承外观的检查主要是通过观察法，观察轴承的内圈或外圈配合面磨损是否严重、滚珠或滚柱是否破裂、有锈蚀或出现麻点、保持架是否碎裂等现象。若外观检查发现轴承损坏较严重，则需要直接更换轴承，否则即使重新润滑也无法恢复轴承的力学性能。轴承的游隙是指轴承的滚珠或滚柱与外环内沟道之间的最大距离。当该值超出了允许的范围时，则应进行更换。游隙的检查方法可参考上图。

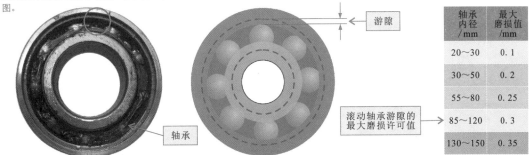

游隙

轴承

滚动轴承游隙的最大磨损许可值

轴承内径/mm	最大磨损值/mm
20～30	0.1
30～50	0.2
55～80	0.25
85～120	0.3
130～150	0.35

3.轴承的润滑

　　轴承经清洗、检查后若仍满足基本力学性能，能够继续使用时，接下来需要对其进行润滑，这个环节也是轴承养护操作中的重要环节，不仅能够确保轴承正常工作，而且有效的润滑维护还可增加轴承的使用寿命。

【清洗后轴承的润滑】

将选用的润滑脂取出一部分放在干净的容器内，并与润滑油按照6∶1～5∶1的比例搅拌均匀。

将润滑脂均匀涂抹在轴承空腔内，并用手的压力往轴承转动部分的各个缝隙挤压。

最后将轴承内外端盖上的油渍清理干净，轴承润滑完成。

在涂抹润滑脂的同时，不时的转动轴承，让油均匀地进入各个部位，达到润滑效果最佳。

特别提醒

　　在轴承润滑操作中需注意，使用润滑脂过多或过少都会引起轴承的发热，使用过多时会加大滚动的阻力，产生高热，润滑脂熔化会流入绕组；使用过少时，则会加快轴承的磨损。

　　不同种类的润滑脂根据其特点，适用于不同应用环境中的电动机，因此在对电动机进行润滑操作时应根据实际环境选用。另外，还应注意以下几点：

1）　轴承润滑脂应定期补充和更换。

2）　补充润滑脂时要用同型号的润滑脂。

3）　补充和更换润滑脂应为轴承空腔容积的1/3～1/2。

4）　润滑脂应新鲜、清洁且无杂物。

　　不论使用哪种润滑脂，在使用前均应拌入一定比例（6∶1～5∶1）的润滑油，对转速较高、工作环境温度高的轴承，润滑油的比例应少些。

9.2
电动机定期的维护与检查

第9章

在电动机的保养维护环节，除日常对电动机进行一定的养护操作外，还必须根据电动机使用的环境和使用频率，对其进行定期的维护检查，以便能够尽早发现设备的异常状态，及时进行处理，以确保运行中设备的安全，有利于整个动力传动系统的良好运行，有效防止事故发生造成的人员和经济损失。

9.2.1　电动机定期维护检查方法

对电动机进行定期维护检查时应根据实际的应用环境，采用恰当的方法进行，常见的方法主要有视觉检查、听觉检查、嗅觉检查、触觉检查及测试检查。

1. 视觉检查

视觉检查是指通过观察电动机表面来判断电动机的运行状态，如观察电动机外部零部件是否有松动，电动机表面是否有脏污、油渍、锈蚀等，电动机与控制引线连接处是否有变色、烧焦等痕迹。若存在上述现象，应及时分析原因，并进行处理。

【通过视觉对电动机进行定期维护检查】

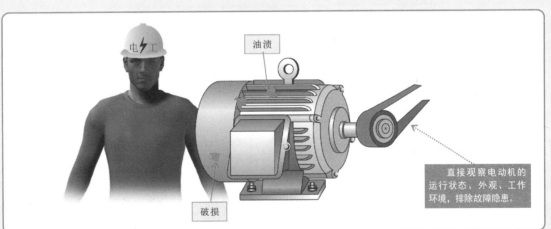

油渍

破损

直接观察电动机的运行状态、外观、工作环境，排除故障隐患。

特别提醒

通过视觉定期维护检查时，除了观察电动机本身的运行状态外，还应注意观察电动机的运行环境，看看周围有没有漏水或影响电动机通风散热的物品等，只要发现可能影响电动机工作的情况，都需要及时处理。

2. 听觉检查

听觉检查是指通过电动机运行时发出的声音来判断电动机的工作状态是否正确，如电动机出现较明显的电磁噪声、机械摩擦声、轴承晃动、振动等杂声时，应及时停止设备运行，进行检查和维护。

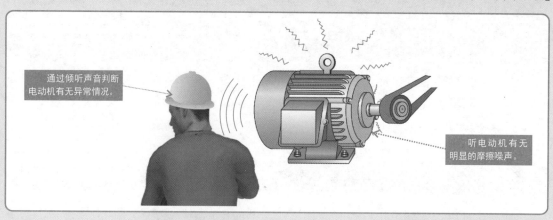

通过倾听声音判断电动机有无异常情况。

听电动机有无明显的摩擦噪声。

特别提醒

通过认真细听电动机的运行声音可以有效的判断出电动机的当前状态。若电动机所在的环境比较嘈杂，则可借助螺钉旋具或听棒等辅助工具，贴近电动机外壳细听，如下图所示。从而判断电动机有无因轴承缺油引起的干磨、定子与转子扫膛等情况，及时发现故障隐患，并排除故障。

螺钉旋具

电动机运行后，用螺钉旋具监听电动机内部声音。

 ### 3.嗅觉检查

嗅觉检查是指通过嗅觉检查电动机在运行中是否有不良故障，若闻到焦味、烟味或臭味，则表明电动机可能出现运行过热、绕组烧焦、轴承润滑失效、内部铁心摩擦严重等故障，应及时停机，检查和修理。

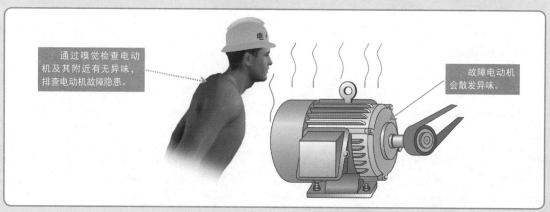

通过嗅觉检查电动机及其附近有无异味，排查电动机故障隐患。

故障电动机会散发异味。

4. 触觉检查

触觉检查是指用手背触摸电动机外壳，检查其温度是否在正常范围内，或是否有明显的振动现象。一般，若电动机外壳温度过高，则可能是其内部存在过载、散热不良、堵转、绕组短路、工作电压过高或过低、内部摩擦情况严重等故障；电动机明显的振动可能是电动机零部件松动、电动机与负载连接不平衡、轴承不良等故障，应及时停机，检查和修理。

【通过嗅觉对电动机进行定期维护检查】

手背触摸
防止触电。

通过触摸电动机表面的温度，检查电动机有无异常情况。

特别提醒

用手背触摸电动机外壳是一种预防电动机外壳带电而发生触电的方法。通常来说，若电动机外壳带电，当用手与带电体接触，身体条件反射会握紧拳头。若此时手心朝下，则会直接握住带电体，从而引发触电事故；若手背朝下接触带电体，反而会因握拳头的动作背离带电体，因而避免触电事故的发生。

当然，即使如此，为了更加确保人身安全，在采用触摸法时，由于人体要与电动机直接接触，在操作前，一般需要首先用验电笔等设备检查电动机外壳有无带电情况，防止因电动机漏电造成意外伤亡。

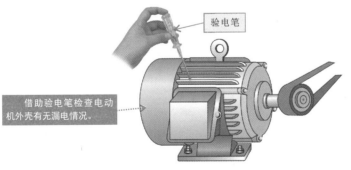

验电笔

借助验电笔检查电动机外壳有无漏电情况。

5. 测试检查

在电动机运行时，可对电动机的工作电压、运行电流等进行检测，以判断电动机有无堵转、供电有无失衡等情况，及早发现问题，排除故障。

例如，借助钳形表检测三相异步电动机各相的电流，在正常情况下，各相电流与平均值的误差应不超过10%，如用钳形表测得的各相电流差值太大，则可能有匝间短路，需要及时处理，避免故障扩大化。

【借助钳形电流表检测三相异步电动机各相的电流】

打开钳形电流表钳头，钳住电动机供电引线中的一根，检测电流。

借助钳形电流表检测电动机的起动和运行电流，根据电流的大小检查和判断电动机的运行状态，排查故障隐患。

电动机供电引线其中的一相线

钳形电流表

 9.2.2　电动机定期维护检查的基本项目

　　电动机的定期维护检查包括每日检查、每月或定期巡查及年检等内容，根据维护时间和周期的不同，所维护和检查的项目也有所不同。

【电动机定期维护检查项目】

检查周期	检查项目
每日例行检查	1）检查电动机整体外观、零部件，并记录 2）检查电动机运行中是否有过热、振动、噪声和异常现象，并记录 3）检查电动机散热风扇运行是否正常 4）检查电动机轴承、带轮、联轴器等润滑是否正常 5）检查电动机传动带的磨损情况，并记录
定期例行检查	1）检查每日例行检查的所有项目 2）检查电动机及控制电路部分的连接或接触是否良好，并记录 3）检查电动机外壳、带轮、基座有无损坏或破损部分，并提出维护方法和时间 4）测试电动机运行环境温度，并记录 5）检查电动机控制电路有无磨损、绝缘老化等现象 6）测试电动机绝缘性能（绕组与外壳、绕组之间的绝缘电阻），并记录 7）检查电动机与负载的连接状态是否良好 8）检查电动机关键机械部件的磨损情况，如电刷、换向器、轴承、集电环、铁心 9）检查电动机转轴有无歪斜、弯曲、擦伤、断轴情况，若存在上述情况，指定检修计划和处理方法
每年年检	1）检查轴承锈蚀和油渍情况，清洗和补充润滑脂或更换新轴承 2）检查绕组与外壳、绕组之间、输出引线的绝缘性能 3）必要时对电动机进行拆机，清扫内部脏污、灰尘，并对相关零部件进行保养维护。如清洗、上润滑油、擦拭、除尘等 4）电动机输出引线、控制电路绝缘是否老化，必要时重新更换线材

特别提醒

　　在检修实践中发现，电动机出现的故障大多是由于断相、超载、人为或环境因素和电动机本身原因造成的。断相、超载、人为因素或环境因素都能够在日常检查过程中发现，有利于及时排除一些潜在的故障隐患。特别是环境因素，它的好坏是决定电动机使用寿命的重要因素，及时检查对减少电动机故障和事故，提高电动机的使用效率十分关键。

　　由此可知，对电动机等设备进行日常维护是十分关键的一项重要工作。特别是在一些生产型企业的车间和厂房中，电动机数量达几十台甚至几百台，若日常维护不及时，将为企业带来很大的损失。